"十三五"普通高等教育规划教材

安徽省"十三五"规划教材

单片机应用设计与实践开发

STC 系列

主　编	陈跃东	陈孟元	章敏凤
副主编	王　伟	戴　平	
编　写	徐　旺	李　美	束文强
主　审	郎　朗		

微课总码

扫一扫 **重点难点**
轻松掌握

温馨提示：免费购物码见封二。

扫码

输入免费
购物码

观看
资源

中国电力出版社
CHINA ELECTRIC POWER PRESS

内 容 提 要

本书为"十三五"普通高等教育规划教材。

本书共分为 2 篇。第 1 篇为 STC12C5A32S2 实验开发板设计与实现，详细介绍了 STC 实验开发板原理图、PCB 的绘制流程、注意事项以及实验开发板的焊接及调试。第 2 篇编写了 18 个软、硬件实验和 9 个仿真实验，内容由浅入深，循序渐进，引领学生在学习过程中逐步提高单片机软、硬件综合设计水平。实验程序用汇编语言及 C 语言两种语言完成。通过本书的学习可掌握 Proteus 软件的基本操作、Proteus 和 Keil 软件的联调方法。以本书为依托，可采用产品开发的教学模式，为以后单片机应用设计打下坚实的基础。

本书配有数字化教学资源，便于学生掌握所学内容。

本书为高等院校单片机课程教材，同时还可供相关工程技术人员参考。

图书在版编目（CIP）数据

单片机应用设计与实践开发：STC 系列/陈跃东，陈孟元，章敏凤主编 .—北京：中国电力出版社，2018.6（2022.6重印）

"十三五"普通高等教育规划教材

ISBN 978 - 7 - 5198 - 2064 - 0

Ⅰ.①单… Ⅱ.①陈… ②陈… ③章… Ⅲ.①单片微型计算机－高等学校－教材 Ⅳ.①TP368.1

中国版本图书馆 CIP 数据核字（2018）第 101443 号

出版发行：中国电力出版社
地　　址：北京市东城区北京站西街 19 号（邮政编码 100005）
网　　址：http://www.cepp.sgcc.com.cn
责任编辑：乔　莉（010－63412535）
责任校对：常燕昆
装帧设计：赵姗姗
责任印制：钱兴根

印　　刷：三河市航远印刷有限公司
版　　次：2018 年 6 月第一版
印　　次：2022 年 6 月北京第四次印刷
开　　本：787 毫米×1092 毫米　16 开本
印　　张：13.5
字　　数：331 千字　1 插页
定　　价：42.00 元

前　言

　　单片机是一门实践性很强的课程，同时又涉及模拟电子技术、数字电子技术、C 语言程序设计、汇编语言程序设计等方面内容，因此具有较强的综合性。教材涉及的知识需要通过开放实验、实习实训、课程设计或科研活动等实践环节来加深理解和掌握现有的单片机实验平台为使用者提供的代码、实验指导等，但是多数实验平台只能让使用者根据实验步骤进行实验、观察结果或者按照使用说明修改参数设置，很难根据使用者的想法完成其他实验，例如将自己设计的模块与最小系统连接。这些正是学生提高实践能力、激发创新能力的重要途径。

　　编者近年来一直在积极开展产学研活动，合作研制、开发新产品和进行技术改造，并将新的科研成果及时地融入教学实践。基于在项目中取得的经验，编者将项目中制作的控制板改进为通用性更好的实验开发板，通过学生的制作和调试完成实验实训任务。这种实验装置的所有接口和器件的引脚都对使用者开放，学生可以在完成基本实验后，自行连接各种外置模块，根据具体情况进行设计性实验。与原有的单片机实验设备相比，教师更熟悉自制装置的硬件配置和资源，可以更好地指导学生。对于学有余力并且愿意参与教师科研项目的学生，通过这样的实验实训装置，可以让学生完成一些接近于教师科研课题的综合性实验。学生通过认识实习、电工电子实习、课程实验、课程设计、综合性实验、毕业设计等环节，在教师的指导下，完成单片机实验开发板原理图和 PCB 的绘制以及实验板的焊接调试，增强动手能力和创新能力的培养，突出了课程实践性和技术性的特点。

　　本书配套的 STC 单片机实验开发板于 2010 年研制成功并连续使用 9 年，编者多次对其进行升级和改造，已经被授权专利"一种基于单片机的实验开发板（201520439398.9）"。本书所有示例程序均在该实验开发板通过验证，开发板及相关配套元器件由芜湖卓源自动化技术有限公司生产提供。需要开发板及相关配套元器件的可以与公司或编者联系，希望可以为读者的学习和参考提供更多的方便。

　　在附录部分收录该实验开发板原理图、元器件清单等，供学习者对照安装调试。本书共享的相关资料，包括所有实例的 C 语言程序代码、Flash 烧写所需相关资源及常用的一些调试软件等，可以加入 QQ 群 450145648 自行下载、交流。

　　本书共分 2 篇 9 章，第 1、2 章由安徽信息工程学院王伟编写，第 3～8 章由安徽工程大学陈孟元编写，第 9 章由安徽信息工程学院章敏凤、陈跃东和安徽工程大学陈孟元编写。陈孟元负责全书统稿并制作全书配套的微课。安徽信息工程学院戴平、徐旺、李美、束文强对书中的示例程序进行验证并对书稿进行校对。安徽工程大学郎朗正高级工程师对全书进行了审阅。本书在编著过程中，得到了安徽工程大学电气工程学院和安徽信息工程学院电气与电子工程学院许多老师的大力帮助，也参阅了许多国内外的相关著作和资料，在此一并表示衷心的感谢。

　　本书是安徽工程大学与安徽信息工程学院联合申请的 2017 年安徽省高等学校质量工程

"规划教材"项目（2017ghjc412）和"一流教材建设"项目（2018yljc145）的研究成果，同时受到安徽省高等学校质量工程教学研究项目（2017jyxm0328）、安徽工程大学本科教学质量提升计划项目（2017jyxm09）安徽工程大学新工科建设项目（2018xgksfkc14）和安徽省高校优秀青年人才支持计划项目（gxyqZD2018050）资助，在此表示感谢。同时感谢电气传动与控制安徽省普通高校重点实验室（安徽工程大学）团队对本书编写所做的大量工作与支持。本书也是实验室师生多年来承担相关教学和科研实践的成果。

本书以 STC 单片机在工程应用中所需要的知识点为基础，突出 STC 单片机应用的基本方法，以实例为模板，叙述简洁清晰，工程性强，提供了完整的示例程序代码，可以作为工程技术人员进行 STC 单片机应用设计与开发的参考书。

限于编者水平，本书的体系结构与内容仍有不足或疏漏之处，敬请读者批评指正。

编　者

2018 年 6 月

目　　录

第 2 篇　实验与实践指导

第1篇

STC12C5A32S2实验开发板设计与实现

第 1 章　开发工具 Altium Designer

1.1　Altium Designer 软件介绍

Protel 系列是进入我国最早的电子设计自动化软件，一直以易学易用深受广大电子设计者的喜爱。2001 年 8 月 Protel 公司更名为 Altium 公司，2008 年 5 月推出 Altium Designer 系列，Altium Designer 作为新一代的板卡级设计软件，以 Windows XP 的界面风格为主，现最高版本为 Altium Designer 18。本书以 Altium Designer 17 为例进行介绍。

1. Altium Designer 的主要功能

（1）电路设计。Altium Designer 中新建一个新的原理图文件或打开一个原理图文件，原理图编辑器将被启动。其主要包括原理图编辑，用于修改、生成元件的元件库编辑以及各种报表的生成。

Altium Designer 中新建一个 PCB 文件或打开一个 PCB 文件，PCB 编辑器将被启动。其主要包括用于设计印制电路板的编辑，用于修改、生成元件封装的元件封装编辑以及印制电路板组件管理。

对于 PCB 的设计，Altium Designer 提供了 10 种不同的设计规则，包括导线放置规则、元件放置规则、布线规则、元件移动规则和信号完整性规则等。根据这些规则，可进行自动布局和自动布线。

（2）电路仿真、电路信号分析与电路可编程设计。Altium Designer 提供了一个较为完善的电路仿真组件，主要包括一个功能强大的数/模混合信号电路仿真器，它能提供连续的模拟信号仿真和离散的数字信号仿真，可以根据设计的原理图进行电路仿真，并根据输出信号的状态调整电路的设计。

Altium Designer 提供了完整的集成信号分析工具，可以在设计的输入（只有原理图）和版图设计阶段使用，主要包括一个高级信号完整性仿真器，能分析 PCB 设计和检查设计参数，测试过冲、下冲、阻抗和信号斜率。

Altium Designer 支持基于 FPGA 和 CPLD 符号库的原理图设计、VHDL 语言设计。它用集成的 PLD 编译器编译设计结果，同时支持仿真。

2. Altium Designer 的特点

Altium Designer 是一套完整的板卡级设计系统，真正实现了在单个应用程序中的集成。该设计系统的目的就是为了支持整个设计过程。Altium Designer PCB 线路图设计系统完全利用了 Windows XP 平台的优势，具有改进的稳定性、增强的图形功能和超强的用户界面，设计者可以选择最适当的设计途径以最优化的方式工作。

Altium Designer 着重关注 PCB 核心设计技术，提供以客户为中心的全新平台，进一步夯实了 Altium 在原生 3D PCB 设计系统领域的领先地位。Altium Designer 现已支持软性和软硬复合设计，将原理图捕获、3D PCB 布线、分析及可编程设计等功能集成到单一的一体化解决方案中。

Altium Designer 独特的原生 3D 视觉支持技术，可以在更小、更流动的空间内加速处理和通信过程，从而实现电子设计的创新。这一强化平台可实现更小的电子设计封装，从而在降低物料和制作成本的同时增加耐用性。

Altium Designer 构建于一整套板级设计及实现特性上，其中包括混合信号电路仿真、布局前/后信号完整性分析、规则驱动 PCB 布局与编辑、改进型拓扑自动布线及全部计算机辅助制造（CAM）输出能力等。Altium Designer 17 的功能得到了进一步的增强，可以支持 FPGA（现场可编程门阵列）和其他可编程器件设计及其在 PCB 上的集成。

Altium Designer 继承了 Protel 99 se 原有的特点，主要表现在以下方面：

（1）支持柔性和软硬结合设计。软硬电路结合了刚性电路处理功能以及软性电路的多样性，其中大部分元件放置在刚性电路中，然后与柔性电路相连接，它们可以扭转、弯曲、折叠成小型或独特的形状。Altium Designer 支持电子设计使用软硬电路，实现了更多创新设计。它还提供电子产品的更小封装，节省材料和生产成本，增加了耐用性。

（2）层堆栈的增强管理。Altium 层堆栈管理支持 4~32 层。层层中间有单一的主栈，以此来定义任意数量的子栈。它们可以放置在软硬电路不同的区域，促进堆栈之间的合作和沟通。Altium Designer 17 增强了层堆栈管理器，可以快速直观地定义主、副堆栈。

（3）VAULT 内容库。VAULT 内容库使用 Altium Designer 17 和即将发布的 Altium Vault，使数据可以可靠地从一个 Altium VAULT 内容库中直接复制到另一个 Altium VAULT 内容库中。它不仅可以补充还可以修改，且基本足迹层集和符号都能自动进行转换，以满足组织的标准。

（4）板设计增强。Altium Designer 17 包括了一系列要求增强的电路板设计技术。使用新的差分对布线工具，当跟踪差距改变时阻抗始终保持。

（5）支持嵌入式元件。PCB 层堆叠内嵌的元件，可以减少占用空间，支持更高的信号频率，减少信号噪声，提高电路信号的完整性。Altium Designer 17 支持嵌入式分立元件，在装配过程中，可以作为个体制造，并放置于内层电路。

（6）改进差分对布线能力。更简化的差分对布线设计规则，交互式或者自动选择的差分对宽度一间隙设置，并且差分对布线器服从/履行层布线规则（Routing Layers Rule）。

（7）在用户自定义区域定义过孔缝合。PCB 编辑器的过孔缝合能力在 Altium Designer 17 版本中得到了加强，其有能力限制过孔缝合图案到用户自定义的区域，就像定义一个 region 或者一个铺铜一样。

（8）AutoCAD 导入/导出功能的提升。Altium Designer 增强了 AutoCAD 文件导入/导出功能的支持，∗.dwg 和 ∗.dxf 等格式的文件都可以导入/导出到 Altium Designer 中。新的导入/导出器不仅能够支持 AutoCAD 的最新版本，而且对于各种类型的对象也提供了支持。

1.2　Altium Designer 常用菜单介绍

1.2.1　Altium Designer 菜单栏

Altium Designer 菜单栏的功能是进行各种命令操作、设置各种参数、进行各种开关的切换等。菜单栏包括一个用户配置按钮 DXP 和 "File" "View" "Project" "Windows"

"Help" 5 个菜单按钮，如图 1-1 所示。

图 1-1　Altium Designer 菜单栏

1. 用户配置按钮 DXP

单击该配置按钮，弹出如图 1-2 所示的配置菜单，其中包括一些用户配置选项。

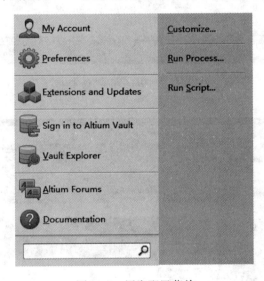

图 1-2　用户配置菜单

（1）"My Account（我的账户）"命令：帮助用户自定义界面，如移动、删除、修改菜单栏或菜单选项，创建或修改快捷键等。

（2）"Preference（参数选择）"命令：选择该命令，弹出"Preference"对话框，如图 1-3 所示，用于设置 Altium Designer 的工作状态。

（3）"Extensions & Updates（插件与更新）"命令：用于检查软件更新，单击该命令，在主窗口右侧弹出如图 1-4 所示的"Exensions"选项卡。

（4）"Sign in Altium Value（标记 Altium 信息）"命令：用于设置 Altium 基本信息，包括服务地址、用户名/密码，如图 1-5 所示"Connecting to Altium Value（连接 Altium 信息）"对话框。

（5）"Vault Explorer（数据保险库浏览器）"命令：用于打开"Value（值）"对话框连

图 1-3 "Preference"对话框

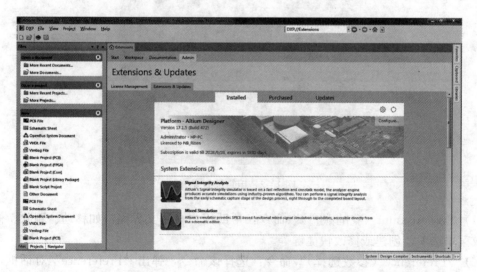

图 1-4 "Extensions & Updates"选项卡

接浏览器，显示数据保险库。

（6）"Altium Forums（Altium 论坛）"命令：选择该命令，在主窗口右侧弹出"Altium论坛"网页，显示 Altium 论坛的内容。

（7）"Altium Wiki"命令：选择该命令，在主窗口右侧弹出 Altium Altium Wiki 网页，显示关于 Altium 的内容。

图 1-5　"Connecting to Altium Value"对话框

（8）"Customize…（自定制）"命令：用于自定义用户界面，如移动、删除、修改菜单栏或菜单选项，创建或修改快捷键等。选择该命令，弹出的"Customizing Pick A Task Editor（定制原理图编辑器）"对话框如图 1-6 所示。

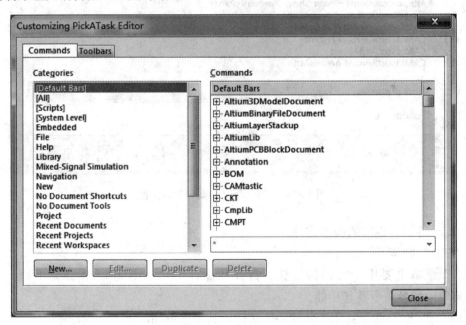

图 1-6　"Customizing Pick A Task Editor"对话框

（9）"Run Process（运行进程）"命令：提供了以命令行方式启动某个进程的功能，可以启动系统提供的任何进程。选择该命令，弹出"Run Process"对话框，如图 1-7 所示，单击其中的"Browser"按钮，弹出"Process Browser"对话框，如图 1-8 所示。

（10）"Run Script（运行脚本）"命令：用于运行各种脚本文件，如用 Delphi、Visual

图 1-7　"Run Process" 对话框

图 1-8　"Process Browser" 对话框

Basic 和 Java 等语言编写的脚本文件。

2. "File" 菜单

"File" 菜单主要用于文件的新建、打开和保存等，如图 1-9 所示。下面详细介绍 "File" 菜单中的各命令及其功能。

"New（新建）" 命令：用于新建一个文件，其子菜单如图 1-9 所示。

"Open（打开）" 命令：用于打开已有的 Altium Designer 可以识别的各种文件。

"Open Project（打开工程）" 命令：用于打开各种工程文件。

"Open Design Workspace（打开设计工作区）" 命令：用于打开设计工作区。

"Check Out（检出）" 命令：用于从设计存储库中选择模板。

"Save Project（保存工程）" 命令：用于保存当前的工程文件。

"Save Project As（保存工程为）" 命令：用于另存当前的工程文件。

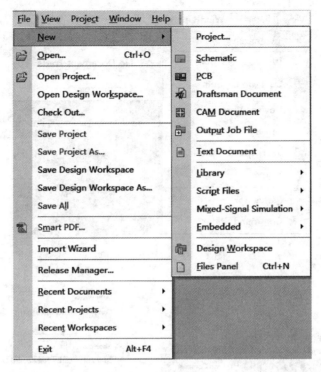

图 1 - 9　"File" 菜单

"Save Design Workspace（保存设计工作区）" 命令：用于保存当前的设计工作区。

"Save Design Workspace As（保存设计工作区为）" 命令：用于另存当前的设计工作区。

"Save All（全部保存）" 命令：用于保存所有文件。

"Smart PDF（智能 PDF）" 命令：用于生成 PDF 格式设计文件的向导。

"Import Wizard（导入向导）" 命令：用于将其他 EDA 软件的设计文档及库文件导入 Altium Designer 的导入向导，如 Protel 99se、CADSTAR、Orcad、P - CAD 等设计软件生成的设计文件。

"Release Manager（元件发布管理器）" 命令：用于设置发布文件参数及发布文件。

"Recent Documents（最近文档）" 命令：用于列出最近打开过的文件。

"Recent Project（最近的工程）" 命令：用于列出最近打开的工程文件。

"Recent Workspace（最近工作区）" 命令：用于列出最近打开的设计工作区。

"Exit（退出）" 命令：用于退出 Altium Designer。

3. "View" 菜单

"View（视图）" 菜单主要用于工具栏、工作区面板、命令行及状态栏的显示和隐藏，如图 1 - 10 所示。

（1）"Toolbars（工具栏）" 命令：用于控制工具栏的显示和隐藏，其子菜单如图 1 - 10 所示。

（2）"Workspace Panels（工作区面板）" 命令：用于控制工作区面板的打开与关闭，其子菜单如图 1 - 11 所示。

图 1 - 10　"View"菜单

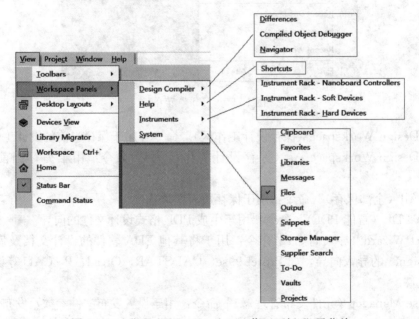

图 1 - 11　"Workspace Panels（工作区面板）"子菜单

"Design Compiler（设计编译器）"命令：用于控制设计编译器相关面板的打开与关闭，包括编译过程中的差异、编译错误信息、编译对象调试器及编译导航等面板。

"Help（帮助）"命令：用于控制帮助面板的打开与关闭。

"Instruments（设备）"命令：用于控制设备机架面板的打开与关闭，其中包括 Nano-board Controllers（控制器）、Soft Devices（软件设备）和 Hard Devices（硬件设备）三部分。

"System（系统）"命令：用于控制系统工作区面板的打开和隐藏。其中，"库""Mes-sages（信息）""Files（文件）""Projects（工程）"工作区面板比较常用。

（3）"Desktop Layouts（桌面布局）"命令：用于控制桌面的显示布局，其子菜单如图

1-12 所示。

图 1-12　"Desktop Layouts" 子菜单

"Default（默认）"命令：用于设置 Altium Designer 16 为默认桌面布局。

"Startup（启动）"命令：用于当前保存的桌面布局。

"Load layout（载入布局）"命令：用于从布局配置文件中打开一个 Altium Designer 16 已有的桌面布局。

"Save layout（保存布局）"命令：用于保存当前的桌面布局。

（4）"Devices View 器件视图"命令：用于打开器件视图窗口，如图 1-13 所示。

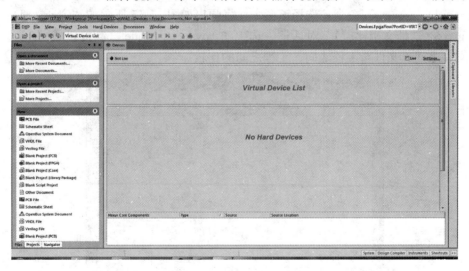

图 1-13　"Devices View" 窗口

（5）"Home（首页）"命令：用于打开首页窗口，一般与默认的窗口布局相同。

（6）"Status Bar（状态栏）"命令：用于控制工作窗口下方状态栏上标签的显示与隐藏。

（7）"Command Status（命令状态）"命令：用于控制命令行的显示与隐藏。

4. "Project（工程）"菜单

"Project"菜单主要用于工程文件的管理，包括工程文件的编译、添加、删除、差异显示和版本控制等，如图1-14所示。这里主要介绍"Show Differences（显示差异）"和"Version Control（版本控制）"两个命令。

图1-14　"Project"菜单

"Show Differences"命令：选择该命令，将弹出如图1-15所示的"Choose Documents To Compare（选择文档比较）"对话框。选中"Advanced Model（高级模式）"复选框，可以进行文件之间、文件与工程之间、工程之间的比较。

图1-15　"Choose Documents To Compare"对话框

"Version Control"命令：选择该命令，可以查看版本信息，将文件添加到"Version

Control"数据库中，并对数据库中的各种文件进行管理。

5."Windows（窗口）"菜单

"Windows"菜单用于对窗口进行纵向排列、横向排列、打开、隐藏及关闭等操作。

6."Help（帮助）"菜单

"Help"菜单用于打开各种帮助信息。

1.2.2　Altium Designer 工具栏

工具栏中有 ▯ ▱ ◈ ▤ 4 个按钮，分别用于新建文件、打开已存在的文件、打开设备视图页面和打开工作区控制面板。

1.2.3　Altium Designer 工作窗口

打开 Altium Designer，工作窗口中显示的是"Home（首页）"选项卡，如图 1 - 16 所示。

图 1 - 16　　"Home"选项卡

1.2.4　AltiumDesigner 工作区面板

在 Altium Designer 中，可以使用系统型面板和编辑器面板两种类型的面板。系统型面板在任何时候都可以使用，而编辑器面板只有在相应的文件被打开时才可以使用。

使用工作区面板是为了便于设计过程中的快捷操作。Altium Designer 被启动后，系统将自动激活"Files（文件）"面板、"Projects（工程）"面板和"Navigator（导航）"面板，通过单击面板底部的标签，在不同的面板之间切换。下面简单介绍"Files（文件）"面板。展开的"Files（文件）"面板如图 1 - 17 所示。

"Files（文件）"面板主要用于打开、新建各种文件和工程，分为"Open a document（打开文档）""Open a project（打开工程）""New（新的）""New from existing file（从已有文件新建文件）""New from template（从模板新建文件）"

图 1 - 17　　"Files"面板

5个选项栏，单击每一部分右上角的双箭头按钮，即可打开或隐藏里面的各项命令。

工作区面板有自动隐藏显示、浮动显示和锁定显示三种显示方式。每个面板的右上角都有3个按钮，▼按钮用于在各种面板之间进行切换操作，╬按钮用于改变面板的显示方式，✖按钮用于关闭当前面板。

第2章　STC12C5A32S2实验开发板元器件封装

单片微型计算机简称单片机，又称为微型控制器，是微型计算机的一个重要分支。单片机是20世纪70年代中期发展起来的一种超大规模集成电路芯片，是集成CPU、RAM、ROM、I/O接口和中断系统于同一硅片上的器件。20世纪80年代以来，单片机发展迅速，各类新产品不断涌现，出现了许多高性能新型产品，现已逐渐成为工厂自动化和各控制领域的支柱产业之一。

STC12C5A32S2实验开发板，包括单片机最小系统、USB转TTL模块、I/O输入/输出部分、Zigbee模块等。单片机最小系统包括单片机处理器及其外部电路。I/O输入/输出部分包括流水灯模块、按键模块、蜂鸣器模块、四位数码管模块、温度传感模块、电机驱动模块、LCD液晶屏模块和时钟模块。USB转TTL模块提供两种功能：一是给单片机最小系统的各个模块供电，二是为单片机提供程序烧写功能。本实验开发板结构框图如图2-1所示。

图2-1　实验开发板结构框图

2.1　STC12C5A32S2核心板封装设计

STC12C5A32S2为宏晶科技公司生产的新一代增强型8051单片机，在设计该类单片机时应该考虑频率对硬件PCB的影响，防止干扰。

如图2-2所示，STC12C5A32S2单片机芯片有40个引脚，为通用的DIP40封装。DIP40封装尺寸如图2-3所示。

图 2-2　STC12C5A32S2 单片机芯片

图 2-3　DIP40 封装尺寸

2.2　电源供电和程序烧写电路

该单片机最小系统采用如图 2-4 所示的 PL2303 模块，对系统进行供电和程序烧写。该模块的主芯片为 PL2303，安装驱动后生成虚拟串口。USB 头为公头，可直接连接电脑 USB

图 2-4　PL2303 模块

口取电，引出接口包括 3.3V（＜40mA），5V，GND，TXD，RXD，信号脚电平为 3.3V，正逻辑。支持从 300bit/s～1Mbit/s 间的波特率。通信格式支持：①5、6、7、8 位数据位；②支持 1、1.5、2 停止位；③odd、even、mark、space、none 校验。

PL2303 模块的封装尺寸并非常规，在封装库里新建一个元件。按照图 2-5 的尺寸封装 PL2303 模块插座，绘制封装后命名为 USB2TTL。

电源转换电路如图 2-6 所示，在 USB 的 footprint 里填入 USB2TTL。为了保证 PL2303 模块的稳定运行，在 PL2303 模块与单片机之间需要加二极管和 1kΩ 电阻。其中，二极管正极接单片机的 RXD，负极接 PL2303 模块的 TXD。1kΩ 电阻则加在单片机的 TXD 和 PL2303 模块的 RXD 之间。

图 2-5　PL2303 模块封装尺寸

图 2-6　电源转换电路图❶

电路中还需绘制 6 脚自锁开关，自锁开关及封装尺寸图如图 2-7 所示。需要注意自锁开关的引脚封装焊盘尺寸应略大于 1mm，引脚间距应严格相等，封装好的尺寸如图 2-8 所示。命名其为"开关"，在 P1 的 footprint 里填入"开关"。

图 2-7　自锁开关及封装尺寸图
（a）实物图；（b）尺寸图

LED 发光二极管的两根引脚为 A 和 K，分别对应发光二极管的正极和负极。绘制好的 LED 封装图如图 2-9 所示。在原理图中对 D9 的 footprint 填入 LED。两根引脚间距采用 100mil（1mil＝0.0254mm）。

图 2-8　自锁开关封装图

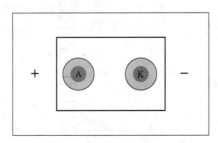

图 2-9　LED 封装图

❶　为方便学生利用 Proteus、Altivm 等软件进行实验，本书中电气元件的符号与软件中的保持一致，有些为旧符号。为方便学生了解最新国家标准符号，附有"新旧电气元件符号对比"。

2.3 键盘输入模块及流水灯模块

如图 2-10 所示键盘输入模块的按键采用四脚开关，封装尺寸为 6mm×6mm。两对引脚焊盘间距不一样，短间距离为 4.5mm，长间距为 9.2mm，焊盘孔径放大到 1mm，尺寸如图 2-11 所示。封装完命名为 SW-PB，在原理图中对 S1、S2、S3、S4 的 footprint 填入 SW-PB。

图 2-10　键盘输入模块　　　　　　　　　　图 2-11　按键尺寸图

如图 2-12 所示流水灯模块电路的封装使用常用封装尺寸。

图 2-12　流水灯模块电路图

2.4　电 机 驱 动 模 块

电机驱动模块以电机驱动芯片 L298N 为核心电路模块图如图 2-13 所示。L298N 驱动芯片封装为不规则封装，其封装尺寸如图 2-14 所示。焊盘孔径为 40mil，焊盘直径 60mil，封装后命名其为 L298N，在原理图库中对 L298N 的芯片的 footprint 填入 L298N。

图 2-13　电机驱动模块电路图

原理图中的电机采用接 2 引脚单排插针来替代，引出电机驱动模块的 2 根引脚。电机驱动模块的 2 个焊盘间距为 100mil，焊盘直径为 60mil，孔径为 30mil。封装好的元器件如图 2-15 所示，命名其为 CON2，同时在原理图库中 footprint 填入相同的名字。

图 2-14　L298N 尺寸示意图　　　图 2-15　电机接插件尺寸封装

2.5　液 晶 显 示 模 块

液晶显示模块是以 LCD1602 为核心芯片的转换电路，如图 2-16 所示。LCD1602 的封装尺寸如图 2-17 所示。按照图 2-17 的规格封装后，在原理图库中对 LCD1602 芯片的 footprint 填入 SIP16 即可。模块中电阻 R3 采用 SIP3 的封装。

图 2 - 16　LCD1602 显示电路

图 2 - 17　LCD1602 封装尺寸

2.6　温　度　传　感　模　块

　　温度传感模块是以 DS18B20 为核心芯片，其转换电路如图 2 - 18 所示。DS18B20 的封装是常规封装。在原理图库中对 DS18B20 芯片的 footprint 填入 SIP3 即可。

图 2 - 18　DS18B20 转换电路图

2.7　蜂鸣器模块

蜂鸣器模块是由三极管 NPN 和蜂鸣器两部分组成的模块，其转换电路如图 2-19 所示。三极管 NPN 的封装是非常规的，封装尺寸图如图 2-20 所示。按照图 2-20 以及表 2-1 所列的规格进行封装后，命名为 8050。在原理图库中对三极管 NPN 的 footprint 填入 8050。三极管封装后如图 2-21 所示。

图 2-19　蜂鸣器模块转换电路　　　　　图 2-20　三极管 NPN 封装尺寸

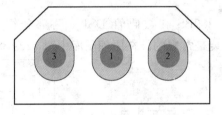

图 2-21　三极管封装

表 2-1　　　　　　　　　　　　　三 极 管 封 装 尺 寸

符号	尺寸（mm）		尺寸（in）	
	最小	最大	最小	最大
A	3.300	3.700	0.130	0.146
A_1	1.100	1.400	0.043	0.055
b	0.380	0.550	0.015	0.022

续表

符号	尺寸（mm）		尺寸（in）	
	最小	最大	最小	最大
c	0.360	0.510	0.014	0.020
D	4.400	4.700	0.173	0.185
D_1	3.430		0.135	
E	4.300	4.700	0.169	0.185
e	1.270TYP		0.050TYP	
e_1	2.440	2.640	0.096	0.104
L	14.100	14.500	0.555	0.571
Φ		1.600		0.063
h	0.000	0.380	0.000	0.015

注：in为长度单位英寸，1in＝25.4mm。

2.8　数码管显示模块

数码管显示模块是由 7289BS 和数码管 DS1-4 两部分组成的模块，其转换电路如图 2 - 22所示。7289BS 的封装是常规的。在原理图库中对 7289BS 的 footprint 填入 SOP28。

图 2 - 22　数码管转换电路

数码管的封装是非常规的。其封装尺寸图如图 2‐23 所示。按照图 2‐23 的规格进行封装后，命名为 ARK。在原理图库中对数码管 DS1‐4 的 footprint 填入 ARK。封装后的数码管如图 2‐24 所示。

图 2‐23　数码管尺寸

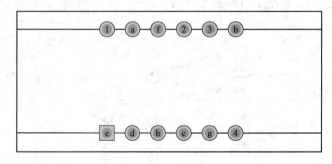

图 2‐24　数码管封装

2.9　时　钟　模　块

图 2‐25 所示的时钟模块以 DS1302 芯片为核心。该模块采用 SOP8 封装，在 footprint 一栏里输入 SO‐8。DS1302 芯片需要两个供电电源。CS 引脚接＋5V 电源；VCC 引脚需要提供一个备用电源，该备用电源需要使用 CR1220 纽扣电池座，纽扣电池座和电源地共地。两个固定引脚间距为 7.5mm，孔径为 2mm，两根贴片焊盘间距为 14.7mm，焊盘 X 方向大小为 3.5mm，Y 方向大小为 7mm。

纽扣电池座 CR1220 封装尺寸如图 2‐26 所示。

晶振 X2 采用 RAD0.1 的封装。

图 2 - 25　时钟模块电路图　　　　　　　图 2 - 26　CR1220 封装尺寸

2.10　Zigbee 无线传输模块

图 2 - 27 所示为 Zigbee 无线传输模块电路图。Zigbee 模块采用自定义的 Zigbee 封装，封装尺寸如图 2 - 28 所示。焊盘直径为 $100 \times 66.929 \text{mil}$，孔径为 35.433mil。

模块中的发光二极管采用 LED5 封装，Header 2×2 采用 sp - 4 封装。

图 2 - 27　Zigbee 模块电路图

(a) 指示灯；(b) Zigbee；(c) 插针

图 2 - 28　Zigbee 封装尺寸

　　制作完成的 STC12C5A32S2 实验开发板 PCB 实物图如图 2 - 29 所示。焊接调试完毕的 STC12C5A32S2 实验开发板实物如图 2 - 30 所示。

图 2 - 29　STC12C5A32S2 实验开发板 PCB 实物图

USB转
TTL模块

LCD液晶
模块

时钟模块

四位数码管
模块

温度检测
模块

Zigbee
模块

电机驱动
模块

按键模块

复位电路

流水灯
模块

图 2 - 30　STC12C5A32S2 实验开发板实物图

第3章 辨识元器件及装配工艺

3.1 辨 识 元 器 件

3.1.1 电阻识别

电阻在电路中用"R"加数字表示，如 R1 表示编号为 1 的电阻。电阻在电路中的主要作用为分流、限流、分压、偏置等。

电阻的单位为 Ω（欧姆），倍率单位有 kΩ（千欧），MΩ（兆欧）等。换算关系是：$1M\Omega = 1000k\Omega = 1\ 000\ 000\Omega$。

电阻阻值的表示方法有色标法和直标法两种。色标法是指用色环表示阻值。当元件体积很小时，一般采用色标法，如果采用直标法，会使读数困难。一般直标法用于体积较大的电阻。

1. 色标法的优点

（1）色标法可以从任意角度一次性读取代表电阻值的颜色信息。

（2）在元件弯制和安装时不必考虑阻值所标的位置。

（3）当元件体积较小时，一般采用色标法。

2. 色标法的标注方法

使用色标法的电阻常称为色环电阻。比较常见的色环电阻有金属膜电阻、柱状金属膜电阻、碳膜电阻和金属氧化膜电阻，如图 3-1 所示。

(a)   (b)

(c)   (d)

图 3-1　色环电阻

（a）金属膜电阻；（b）柱状金属膜电阻；（c）碳膜电阻；（d）金属氧化膜电阻

（1）图 3-2 所示为 4 色环电阻，一般是碳膜电阻。4 色环电阻用 3 个色环来表示阻值（前 2 个色环表示有效值，第 3 个色环表示倍率），第 4 个色环表示误差。

（2）图 3-3 所示为 5 色环电阻，一般是金属膜电阻。为更好地表示电阻值的精度，5 色环电阻上用 4 个色环表示阻值（前 3 个色环表示有效值，第 4 个色环表示倍率），第 5 个色环表示误差。

（3）表示允许误差的色环比其他色环稍宽，离其他色环稍远。

（4）常见的 4 色环电阻，最后一环误差环一般是金色或银色。

（5）常见的 5 色环电阻，最后一环误差环一般是棕色。

图 3-2　4 色环电阻　　　　　　　　　　图 3-3　5 色环电阻

3. 色环/数码的对照

色环电阻上的不同色环代表不同的阻值。根据图 3-4 所示对照图可以读取相应电阻的大小。

颜色	I	II	III	倍率	误差
黑	0	0	0	10^0	
棕	1	1	1	10^1	±1%
红	2	2	2	10^2	±2%
橙	3	3	3	10^3	
黄	4	4	4	10^4	
绿	5	5	5	10^5	±0.5%
蓝	6	6	6		±0.25%
紫	7	7	7		±0.1%
灰	8	8	8		
白	9	9	9		
金				10^{-1}	±5%
银				10^{-2}	±10%

图 3-4　色环/数码对照图

4. 色环电阻的测量方法

（1）将万用表拨到电阻挡。

（2）根据阻值范围选择合适的量程。

（3）测阻值前先调零。

（4）万用表两表笔分别放到电阻两端进行测量。

3.1.2　电容识别

电容在电路中一般用"C"加数字表示，如 C13 表示编号为 13 的电容。电容是由两片金属膜紧靠，中间用绝缘材料隔开而组成的元件。电容的特性主要是隔离直流电导通交流电。

电容容量的大小是指其能储存电能的大小。电容对交流信号的阻碍作用称为容抗，其值与交流信号的频率和电容量有关。

电容的基本单位用 F（法拉）表示，其他单位还有 mF（毫法）、μF（微法）、nF（纳法）、pF（皮法）。

电容的表示方法主要有直标法、数字标识法、数码标识法。

1. 直标法

直标法是将电容的标称容量、耐压及允许误差直接标在电容体上，如 4700μF　25V。若是零点零几，常把整数位的"0"省去，如 .01μF 表示 0.01μF。图 3-5 所示为用直标法标识的电容。

2. 数字标识法

数字标识法是只标数字不标单位的直接标识法。采用该方法的电容仅限于单位为 pF 和 μF 的两种。一般无极性电容默认单位为 pF，电解电容默认单位为 μF。图 3-6 所示为利用数字标识法标识的电容。

3. 数码标识法

图 3-5　直标法标识的电容

数码标识法一般用三位数字来标识容量的大小，单位为 pF。其中前两位为有效数字，第三位 n 表示倍率，即乘以 10^n。若第三位数字为 9，则倍率 10^{-1}。图 3-7 所示为利用数码标识法标识的电容。

图 3-6　数字标识法标识的电容

图 3-7　数码标识法标识的电容

3.1.3　晶体二极管识别

晶体二极管在电路中常用"D"加数字表示，如 D5 表示编号为 5 的二极管。

二极管的主要特性是单向导电性，也就是在正向电压的作用下导通电阻很小，而在反向电压作用下导通电阻极大或无穷大。正因为二极管具有上述特性，常将其用在整流、隔离、稳压、极性保护、编码控制、调频调制电路和静噪电路等电路中。晶体二极管按作用可分为整流二极管（如 1N4004）、隔离二极管（如 1N4148）、肖特基二极管（如

BAT85）、发光二极管、稳压二极管等。

二极管的识别很简单。常采用符号"P""N"来表示二极管极性。其中，P 表示正极，N 表示负极。此外，二极管的正负极可从引脚长短来识别，长引脚为正极，短引脚为负极。

3.1.4 实验开发板的元器件辨识

图 3-8 所示为实验开发板及其元器件。

图 3-8 实验开发板的元器件

1. 电阻

图 3-9 所示为实验开发板需要的电阻种类及个数。

图 3-9 电阻的种类及个数

(a) 100Ω 电阻 1 个；(b) 470Ω 电阻 1 个；(c) 5.1kΩ 电阻 1 个；(d) 10kΩ 电阻 4 个；
(e) 200Ω 电阻 8 个；(f) 1kΩ 电阻 16 个

2. 电容

图 3-10 所示为实验开发板需要的电容种类及个数。

3. 发光二极管

图 3-11 所示为实验开发板需要的发光二极管种类及个数。

图 3 - 10　电容的种类及个数

(a) 10μF 电容 1 个；(b) 33pF 电容 2 个；(c) 20pF 电容 2 个；(d) 104pF 电容 3 个

图 3 - 11　发光二极管的种类及个数

(a) 红色 5 个；(b) 绿色 8 个

4. 插座

图 3 - 12 所示为实验开发板需要的插座种类及个数。

图 3 - 12　插座的种类及个数

(a) 单排插针 2 个；(b) 单排插槽 1 个；(c) 单片机插座 1 个；(d) DS1302 插座 1 个；

(e) 电池插座 1 个；(f) DS18B20 插座 1 个

5. 核心元器件

图 3 - 13 所示为实验开发板需要的核心元器件种类及个数。

图 3 - 13　核心元器件种类及个数

(a) STC 单片机 1 个；(b) 直流电机芯片 1 个；(c) 7289BS 芯片 1 个；(d) DS1302 芯片 1 个；

(e) 排阻 1 个；(f) 蜂鸣器 1 个；(g) 滑动变阻器 1 个；(h) 四位数码管 1 个

6. 简单元器件

图 3 - 14 所示为实验开发板需要的简单元器件种类及个数。

图 3 - 14　简单元器件的种类及个数

(a) 4 脚开关 5 个；(b) 二极管 1 个；(c) 8050 三极管 1 个；(d) 晶振 3 个；(e) 跳帽 3 个

7. 配件

图 3 - 15 所示为实验开发板需要的配件种类及个数。

图 3 - 15　配件的种类及个数

(a) 直流电机 1 个；(b) LCD1602 显示屏 1 个；

(c) USB 1 个；(d) DS18B20 芯片 1 个

3.2　元器件装配工艺

元器件装配是进行系统组装的第一步工作，主要包括将直插式元器件插入焊孔或者将贴片式元器件对齐焊盘，为下一步的焊接工作做好准备。

良好的装配工艺是保证电子产品工作可靠的重要环节，不合理的装配可能会导致电路性能的劣化、整机工作失常。

3.2.1　元器件的插装

1. 插装方式

直插式元器件需要插入 PCB 的焊盘孔中进行焊接。常见的插装方法有卧式插装、立式插装、横向插装等。

(1) 卧式插装。卧式插装是将元器件水平贴近 PCB 的顶层，如图 3 - 16 所示。轴向引出引脚的大多数元器件采用了卧式插装形式，如电阻器、二极管等。

卧式插装应用范围较为广泛，尤其适用于较高频率的各类电路。卧式插装将绝大多数元器件放置在同一个平面高度，便于机械手进行大规模的批量插装作业。卧式插装后的元器件排列整齐、外形美观；由于元器件的排列高度低，因而电子产品可以做得比较薄。

采用卧式插装的元器件引脚需要剪短。在单层板上进行元器件的卧式插装时，小功率、小体积的元器件可以平行地紧贴 PCB 的顶层。双层板由于顶层有布线存在，则可以将元器件适当离开 PCB 顶层 1～2mm，以防止元器件的裸露部位与顶层的电气连线碰触。

图 3-16　元器件的卧式插装
1—PCB；2—焊盘孔；3—元器件引脚

将卧式安装的元器件插入焊盘孔的中间位置，排列要整齐。元器件的参数标记（用色码或字符标注的数字、精度、耐压等信息）应朝上或朝着易于辨认的方向，参数标记的读数方向应该基本一致。例如，色环电阻误差环的朝向应该按照统一的方向进行布置。

电阻卧式插装示例如图 3-17 所示。图 3-17（a）中，水平摆放的电阻均是按照从左到右的方式插装，垂直摆放的电阻均是按从上到下的顺序插装（误差环与其他色环的距离相对较大），这样便于以后在调试过程中准确识读元器件的参数与型号，即使对于图 3-17（b）中同类型元器件摆放比较凌乱的，同样也需要遵守"读数方向一致"的基本原则进行插装。

图 3-17　电阻卧式插装示例
（a）电阻排列整齐的插装；（b）电阻排列凌乱的插装

（2）立式插装。立式插装是将元器件竖直地插入 PCB，主要用于元器件的引脚都在同一个方向的元器件，如晶体管、电解电容等。立式插装的效果如图 3-18（a）所示。

对于引脚从不同方向引出的轴向封装元器件，需要将引脚弯折 180° 后再插入对应的焊盘孔，如图 3-18（b）所示。

立式插装在早期的收音机电路中应用非常广泛。其最大特点是元器件的排列紧凑，单位面积内容纳的电子元器件数量较多，安装密度大，能够节省一定的 PCB 面积。立式插装适用于 PCB 所处的机箱、机壳内部水平空间较小的场合。

图 3-18　元器件的立式插装
（a）引脚在同一个方向的元器件；（b）引脚在不同方向的元器件

立式插装的缺点是元器件的引脚弯曲、引线偏长，不适合用于高频电路中。此外，立式插装的元器件高度较高，引脚因振荡等原因发生形变后容易倾斜，如果碰触到邻近的元器件容易引起短路故障，降低了产品的工作可靠性。为使立式插装的邻近元器件的引脚相互隔离，往往采用加装绝缘塑料套管的方法，但是无形中加大了插装的工作量。

立式插装的元器件种类、外形尺寸往往不一致，使得最终装配完成的元器件可能无法位于同一个平面高度，视觉效果较差。

直插型晶体管基本都采用立式插装形式。在进行晶体管插装前，首先要分清引脚的排列规律，再进行正确的插装；晶体管的引脚不能留得长，以保持管子的稳定性；不要齐根弯折晶体管的引脚，而应在引脚与管体连接下方 1～2mm 处进行弯折，使引脚不容易被折断，如图 3-18（a）所示。

对于带有散热片的大功率塑封晶体管，为保证足够的输出功率，往往需要将其安装在散热器上使用。

同类型立式插装的元器件高度应保持一致，上端的引线不要留得长以免出现短路。

电阻器立式插装的效果对比如图 3-19 所示。图 3-19（a）中所有电阻的插装整齐、规范。但图 3-19（b）中电阻的插装高度不一致，电阻上端的引线普遍留得过长，而且色环的排布方向不一致，影响读数的效率和准确性。这些不规范的插装都需要改进。

图 3-19　电阻器立式插装的效果对比
(a) 规范的插装形式；(b) 不规范的插装形式

（3）横向插装。横向插装是将元器件垂直插入 PCB 后再将其水平倒置的插装方式，如图 3-20 所示。

图 3-20　元器件的横向插装
(a) 电解电容的横向插装；(b) 无极性电容的横向插装

横向插装本质上也属于立式插装，但是为了减小 PCB 在机箱内部所占的高度，而将高度过高的元器件倒置后紧贴 PCB。圆柱形电解电容在进行横向安装后，电容体与 PCB 之间的接触仅为一条线，对此可以采用热溶胶、绑扎带将其固定在 PCB 表面，如图 3-20（a）所示。

（4）混合式插装。由于元器件的封装形式、机箱内空间尺寸有所不同，同时考虑到电路结构的具体要求，实际的 PCB 上较多地采用了混合插装，对径向引出引脚的元器件采用立式插装，而轴向引出引脚的元器件则多采用卧式插装，如图 3-21 所示。

图 3-21　混合式插装

2. 集成电路的插装

对于"DIP××"和"SIP××"等封装形式的直插式集成电路，建议使用集成电路插座（俗称 IC 座）代替芯片焊接在 PCB 上，然后再将集成电路插座装到 IC 座内使用。使用 IC 座不容易因为错误的焊接工艺而损坏芯片，而芯片在工作过程中损坏后的更换也比较方便、快捷。

插装集成电路之前，首先应分清集成电路的起始引脚。如果是全新的集成电路芯片，还需要适当减小每排引脚的张开角度，使之能够轻松地插入 IC 座的对应插槽中。插装集成电路时，不能用力过猛，以防止折断或弄偏引线。集成电路插装到位后，应再稍微用力将其插紧，以避免出现与 IC 座之间的接触不良。

在需要拔下 IC 插座中的芯片时，不允许用手直接拔下芯片，以免引脚划伤手指。正确的做法是用镊子或刀片塞入芯片与 IC 座之间的缝隙，然后轻轻撬动芯片，使之轻柔地脱离集成电路插座。

集成电路的插、拔过程中，一定要避免集成电路的引脚被弯曲或折断。绝不允许将集成电路芯片的方向插反，集成电路的缺口（或凹点）应该与 IC 座的凹槽方向一致。

3. 重型元器件的插装

对于焊板式小型变压器、大容量电解电容、大尺寸环形电感器等体积、质量均比较大的重型元器件，在将其引脚插入 PCB 对应的焊盘孔后，一般还需要使用螺钉、塑料绑扎带、热熔胶、铁箍等辅助材料对其实施固定，确认没有松动后再进入下一步的锡焊工序。

4. 插装顺序

元器件插装的基本顺序为"先低后高""先轻后重""先易后难""先一般元器件后特殊元器件"。一般地，可以按照电阻、电容、二极管、晶体管、电感、集成电路、大功率元器件的顺序进行插装。

在进行元器件的手工插装时，应该首先插装高度较低的元器件，如 PCB 上的短接线、电阻、二极管之类的轴向元器件；待高度较低的元器件插装完毕后再插装较高的元器件，如立式电感、电解电容等；接下来再对集成电路（或插座）、大功率晶体管等元器件进行插装；最后插装的是散热片、支架等。对于不耐热的普通元器件，如注塑元件等，需要最后插装、焊接。如果 PCB 上有需要采用螺钉或卡箍进行机械固定的元器件，则需要固定好此类元器件后再进行焊接。

上述顺序如果颠倒，严重时会因机械紧固操作造成 PCB 受力变形、焊点松动或元器件损坏等故障。

5. 插装时的常见故障

工厂化规模生产时主要采用机械手自动插件，故障率很低。但是在业余条件下进行手工插装时的故障率却比较高，增加了调试的难度与工作量。

典型的插装错误包括以下几方面：

（1）元器件极性插反。有极性的元器件插装不正确往往会导致严重的后果，如二极管插反可能造成短路故障，电解电容插反可能造成电容漏液或爆炸，LED 插反将无法正常指示，电源插座插反可能损坏集成电路。因而在插装有极性的元器件时一定要仔细对照电路原理图、PCB 的印丝顶层标记来确定正确的插装方向。

（2）元器件型号差错。对于初学者而言，电阻器的色环参数标注往往并不直观，因而对电阻的读数有时会出现错误，尤其在电阻种类比较多的情况下，更是经常容易出现差错。另外，外形比较接近的元器件也常常被插错，如立式电感与小电解电容、色环电感与小功率色环电阻。这些都是造成元器件插装错误的主要因素，建议每次插装完成后都要反复对照电路原理图进行检查。

（3）元器件漏插。调试用的 PCB 往往是针对多种电路方案进行的设计，因而在进行其中的某个方案调试时某些元器件并不需要插装、焊接，电路板上会出现一些空置的焊盘孔。这些空置焊盘孔的存在可能会分散使用者的注意力，从而出现漏装某些必要的元器件的现象。建议每次结束插装工序后都要反复检查有无元器件的漏插。

（4）插装短路。将轴向封装的元器件进行立式插装时容易出现相邻引脚之间的短路故障，插装完毕后需要及时检查有无引脚触碰的故障现象，对于距离太近的引脚需要套上合适的绝缘套管。

当多只功率晶体管共用散热片时，需要在散热片与晶体管背面垫上绝缘垫片并涂上导热硅脂，固定螺钉应套上绝缘粒。如果绝缘垫片、绝缘粒破损，会引起插装短路的故障。因此在散热片装配完毕后，应及时用万用表检测共用散热片的各只功率管集电极是否存在短路现象。

3.2.2　贴片元器件的表面贴装

20 世纪 70 年代问世的表面安装技术（Surface Mounting Technology，SMT），又称表面贴装技术、表面组装技术，是将电子元器件直接安装在印制电路板表面的装接技术，是实现电子产品微型化和集成化的关键。目前，电子产品设计正在不断向小型化方向发展，贴片元器件以其体积小和便于维护等优点已开始大量取代直插式元器件出现在各类电子产品中。

1. 贴片元器件的特点

贴片元器件常常被形象地称为片状元器件，它有以下几个显著特点：

（1）体积小、质量轻。在贴片元器件的电极上，有些焊端完全没有引线，有些只有非常短的引线；相邻电极之间的距离比标准的双列直插式集成电路的引线间距（2.45mm）小很多，某些元器件相邻引脚的中心间距已经缩小到 0.3mm，并且还有进一步减少的趋势。在集成度相同的情况下，贴片元器件的体积比传统的元器件小很多，只有传统元器件的 1/3～1/10，可以装在 PCB 的两面，实现了密集安装，减小了电路板的面积。采用贴片元器件后可使电子产品的体积缩小 40%～60%，质量减轻 60%～80%。

（2）易于焊接和拆焊。拆卸直插元器件比较麻烦。在两层或者多层板中，由于存在金属化过孔，即使元器件只有两只引脚，在拆卸时也容易损坏电路板的焊盘和金属化过孔，拆卸难度较大。

贴片元器件直接贴装在 PCB 表面，其焊盘没有贯穿整个 PCB，且焊盘面积较小，用锡量少。

相比较而言，贴片元器件的拆卸容易得多。不光两只引脚的贴片元器件容易拆焊，即使多达一二百只引脚的元器件，也只需要直接用热风吹焊台的出风口对准引脚进行均匀加热，待引脚上的焊锡熔化后轻轻撬动贴片元器件即可顺利实现拆焊，对 PCB 和焊盘几乎都是无损的，整个拆卸过程耗时一般不超过 30s。

（3）稳定性和可靠性更高。贴片元器件减少了 PCB 中的通孔数量，减小了电磁干扰和射频干扰，在高频电路中能够显著减少分布参数的影响，提高信号传输质量，改善高频特性，达到提升产品性能的目的。

贴片元器件的引脚无引线或引线很短，质量轻，因而抗震能力较强，焊点失效率显著降低，大大提高了产品的可靠性。

（4）降低产品成本。贴片元器件体积小，可有效减小 PCB 的面积，降低成本；其引脚很短，安装时可省去引脚成形、剪脚等工序。通常情况下，采用表面安装技术可使电路的生产成本降低 10% 以上。

2. 贴片元器件的贴装工艺

贴片元器件在 PCB 上没有固定孔，因而无法直接固定在 PCB 上。一般的方法是使用点胶方式，在贴片元器件的下方用点胶机点上红胶，接着放上贴片元器件，然后进行固化处理，红胶即可将贴片元器件可靠地粘贴在 PCB 上。

业余条件下如果没有点胶机，则可以采用"边定位、边焊接"的方法。

第4章 手 工 焊 接

手工焊接是焊接技术的基础，焊接质量的好坏将影响到电子产品的质量。在掌握焊接技术的同时，还需要经常练习，以提高熟练程度。

焊锡熔化后形成的烟雾、焊剂加热挥发出的化学物质会对人体造成不同程度的伤害，因此电烙铁在工作时应距离头部至少30cm以上。焊接时，距离太近，人体容易吸入过多的有害气体。建议在焊接现场安装通风换气设备，如风扇、吸烟仪等。

焊锡丝中铅的成分比例较高，因此操作者最好佩戴手套进行工作。每次焊接、调试完毕后应及时洗手，避免铅的摄入量过多而引起慢性铅中毒。

4.1 焊接材料与焊接工具

4.1.1 焊接材料

焊接材料包括焊料和焊剂。

（1）焊料。如图4-1所示焊锡，焊料为易熔金属，是用来连接两种或多种金属表面，同时在被连接金属的表面之间起冶金学桥梁作用的金属材料。手工焊接所使用的焊料为锡铅合金，又称焊锡。

焊料要求具有熔点低、凝固快、良好的导电性、机械强度高、表面张力小、良好的浸润作用和抗氧化能力强、抗腐蚀性要强等优点。

（2）焊剂。焊剂是用来增加润湿，以帮助和加速焊接的进程，故焊剂又称助焊剂，如图4-2所示。焊剂的作用有除去氧化膜，防止氧化，减小表面张力，使焊点美观。

图4-1 焊锡

图4-2 焊剂（松香）

4.1.2 电烙铁

电烙铁可分为调温式电烙铁和普通电烙铁。

图4-3所示为调温式电烙铁。它使用集成芯片来检测烙铁头的温度，通过调整温控器的电量来控制温度。当烙铁头温度低于设定温度，主机接通，供电给温控器发热；当烙铁头

温度高于设定温度，主机关闭，停止发热。

图 4 - 4 所示为普通电烙铁。它由烙铁头、烙铁心、外壳、手柄、电源引线、插头等部分组成，结构较为简单。

图 4 - 3　调温式电烙铁　　　　　　　　图 4 - 4　普通电烙铁

如图 4 - 5 所示，烙铁头主要分为刀口形烙铁头和尖头形烙铁头。

图 4 - 5（a）所示为刀口形烙铁头。它使用刀形部分焊接，竖立式或拉焊式焊接均可，属于多用途烙铁头。它适用于 SOJ、PLCC、SOP、QFP、电源和接地部分元件的焊接，同时可以修正锡桥。

图 4 - 5（b）所示为尖头形烙铁头。该烙铁头尖端细小，适合精细焊接，或焊接空间狭小的情况，也可以修正焊接芯片时产生的锡桥。

(a)　　　　　　　　(b)

图 4 - 5　常用烙铁头
（a）刀口形烙铁头；（b）尖头形烙铁头

4.1.3　其他工具

（1）尖嘴钳：头部较细，适用于夹取小型金属器件。

（2）斜口钳：主要用于剪切导线。

（3）剥线钳：专用于剥导线的绝缘层。

（4）镊子：用途是夹持导线和元器件，在焊接时镊子兼有散热作用。

（5）起子：又称螺丝刀，有"一"字形和"十"字形两种，专用于拧螺钉。

（6）吸锡器：吸除焊锡，便于元器件取下。

4.2　焊接前的准备及注意事项

4.2.1　元器件引脚的弯制

元器件经过长期存放，会在元器件引脚表面形成氧化层，不但使元器件难以焊接，而且影响焊接质量，因此当元器件表面存在氧化层时，应首先清除元器件引脚表面的氧化层。消除氧化层时注意用力不能过猛，以免使元器件引脚受伤或折断。

如图 4 - 6 所示，清除元器件引脚表面的氧化层的方法是：左手捏住电阻或其他元器件的本体，右手用锯条轻刮元器件引脚的表面，左手慢慢地转动，直到引脚表面氧化层全部去除。

引脚氧化层去除后，进行元器件引脚的弯制。左手用镊子紧靠电阻的本体，夹紧元器件的引脚，使引脚的弯折处距离元器件的本体有 2mm 以上的间隙（见图 4-7），左手夹紧镊子，右手食指将引脚弯成直角。

图 4-6　清除元器件表面的氧化层　　　　图 4-7　元器件引脚的弯制

> **注意**
>
> 　　不能用左手捏住元器件本体，右手紧贴元器件本体进行引脚弯制，因为这样做，引脚的根部在弯制过程中容易受力而损坏。引脚之间的距离根据线路板孔距而定。

一般情况下，二极管应水平插装；当孔距很小时，可垂直插装。为了将二极管的引脚弯成美观的圆形，应使用螺丝刀辅助弯制。如图 4-8 所示，将螺丝刀紧靠二极管引脚的根部，十字交叉，左手捏紧交叉点，右手食指将引脚向下弯，直到两引脚平行。

用手捏住螺丝刀与引脚的交点，将引脚沿起子弯成圆形

图 4-8　用螺丝刀辅助弯制

4.2.2　拆除焊错元器件

1. 用电烙铁直接拆除元器件

引脚比较少的元器件，如电阻、二极管、三极管、稳压管等具有 2～3 个引脚，可用电烙铁直接加热元器件引脚，用镊子将元器件取下。

2. 使用手动吸锡器拆除元器件

利用电烙铁加热引脚焊锡，用吸锡器吸取焊锡。拆除步骤：右手以握笔式握持电烙铁，使其与水平位置的电路板呈 35°左右夹角。左手以拳握式持吸锡器，拇指操控吸锡按钮，使吸锡器呈近乎垂直状态向左倾斜约 5°为宜，方便操作。首先调整好电烙铁温度，以 2s 内能顺利烫化焊点锡为宜；将电烙铁头尖端置于焊点上，使焊点融化，移开电烙铁的同时，将吸锡器放在焊盘上按动吸锡按键，吸取焊锡。

3. 使用电动吸锡器拆除直插式元器件

电动吸锡器具有真空度高、温度可调、防静电及操作简便等特点，可拆除所有直插式插装的元器件。拆除步骤：选择内径比被拆元器件的引脚直径大 0.1～0.2mm 的烙铁头；待烙铁达到设定温度后，对正焊盘，使吸锡器的烙铁头和焊盘垂直轻触，焊锡熔化后，左右移动吸锡头，使金属化孔内的焊锡全部熔化，同时启动真空泵开关，即可吸净元器件引脚上的焊锡。按上述方法，将被拆元器件其余引脚上的焊锡逐个吸净。用镊子检查元器件每个引脚上的焊锡是否全部吸净，若未吸净，则用烙铁对该引脚重新补锡后再拆。重新补锡焊接的目的是使新焊的焊锡与过孔内残留的焊锡熔为一体，再解焊时热传递漫流就形成了通导，只有

这样，元器件引脚与焊盘之间的粘连焊锡才能吸干净。

4. 使用热风枪拆除表面贴装元器件

热风枪为点热源，对单个元器件的加热较为迅速。将热风枪的温度与风量调到适当位置，对准表面贴装元器件进行加热，同时振动印制电路板，使表面贴装元器件脱离焊盘。

4.3　手工焊接操作

4.3.1　手工焊接的操作姿势

手工焊接的基本姿势为右手拿烙铁，左手送锡丝。右手拿电烙铁的姿势有拄仗式、握剑式、握笔式三种，如图 4-9 所示。

(a)　　　　　　　　　(b)　　　　　　　　　(c)

图 4-9　电烙铁的握姿
（a）拄杖式；（b）握剑式；（c）握笔式

拄杖式与握剑式长时间操作不容易疲劳，主要用于大功率电烙铁的焊接操作。握笔式是小功率电烙铁的主要操作方法，由于与握笔的姿势基本一致，因而易于掌握，建议初学者采用。采用握笔式时，建议将烙铁手柄斜靠在虎口上，手指尽量落在烙铁的中部。在某些焊点比较密集的电路中，也可以采用毛笔式握法，直立烙铁进行焊接。

焊锡丝的握持方式如图 4-10 所示。图 4-10（a）适用于成卷焊锡丝的手工送锡；图 4-10（b）适用于段状焊锡丝的手工送锡。

(a)　　　　　　　　　　　　　　　(b)

图 4-10　焊锡丝的握持方式
（a）连续焊锡时；（b）断续焊锡时

送锡时应注意焊锡的用量，焊锡使用过多会造成焊点太大，浪费焊锡并影响焊点质量；

焊锡使用过少，容易降低焊点的机械强度，弱化焊点的粘接性，造成虚焊。

4.3.2 手工焊接的基本步骤

掌握好电烙铁的温度和时间，按正确的步骤进行焊接，才能得到良好的焊点。正确的手工焊接操作过程可以分解为五个步骤，俗称"五步法"，如图 4-11 所示。

图 4-11 焊接"五步法"的分解动作

（a）焊前准备；（b）加热焊件；（c）熔化焊料；（d）移开焊锡；（e）移去烙铁

（1）焊前准备。焊接准备包括选用合适功率的电烙铁、合适的烙铁头，清洁被焊元器件处的积尘及油污，进行元器件引脚的休整。焊接新元器件前，应对元器件的引脚进行镀锡处理。

（2）加热焊件。加热焊件是指用烙铁头均匀加热 PCB 上的焊盘与元器件的引脚。

烙铁头将热量传递给焊点主要靠接触面积，因此用烙铁头对焊点施加压力是徒劳的，某些情况下还可能造成被焊件的损伤。例如，电位器、开关、接插件的焊接点往往都是固定在塑料构件上，加力的结果容易造成元器件失效。低压恒温焊台的烙铁头比较尖且比较脆，对烙铁头错误的施力容易折断烙铁头的尖端部分。

（3）熔化焊料。当焊件加热到能够熔化焊锡的温度后，用焊锡丝涂覆已经升温的焊盘，锡丝熔化后会自动润湿焊点。不要用烙铁头直接熔化焊锡丝，这样容易将焊锡直接堆附在焊点上，可能掩盖被焊工件因温度不够或氧化严重造成的虚焊、假焊现象。

（4）移开焊锡。当焊锡丝熔化一定数量后，将焊锡丝以斜向上 45°的方向移开。

（5）移去烙铁。当焊料的扩散范围达到要求后，助焊剂尚未完全挥发，覆盖在焊接点表面形成一层薄膜时，是焊接点上温度最恰当、焊锡最光亮、流动性最强的时刻，应迅速移开电烙铁。

烙铁头以斜向上 45°的方向移开会使焊点圆滑，但焊点体积可能略鼓；烙铁头沿水平方向撤离时，烙铁头可带走部分焊锡，使焊点扁平。

 注 意

在焊料冷却、凝固前，被焊元器件的位置必须可靠地固定，不允许摆动和抖动，以免影响焊接质量。焊点自然冷却即可，必要时可以用嘴吹气的方式加速焊点冷却、凝固。

"五步法"是掌握手工电烙铁焊接的基本方法。对于普通焊点而言，整个手工焊接的过程耗时 1～3s，较大的焊点也应该在 5s 以内完成。各步骤之间停留的时间对焊接质量的影响较大，一定要通过亲手实践才能逐步认识与掌握。

4.3.3　焊点质量分析

焊点质量直接关系到产品的稳定性、可靠性和美观性，一个合格的焊点应具有可靠的电气连接、足够的机械强度和光滑整齐的外观。

（1）合格焊点。从外观来看，合格焊点的形状为表面略微凹陷的近似圆锥体，呈凹坡状的原因是由于焊锡冷却后收缩所致。焊点与元器件引脚、焊盘的连接面平滑、自然，接触角尽可能小。焊点表面平滑、发亮，有明显的金属光泽。

（2）虚焊与假焊。虚焊是指有焊锡连接在元器件引脚和焊盘上，但焊锡与引脚之间没有形成良好的接触，电路板受振动时容易出现时通时断的情况。

假焊是指焊锡堆在元器件引脚和焊盘表面，但焊盘没有被焊锡充分浸润的情况。因为锡料根本没焊上去，电路无法接通，所以严重时元器件的引脚可以从 PCB 上轻易地拔下。

造成元器件虚焊和假焊的主要原因有：

1）元器件引脚氧化严重；

2）没有清除焊盘的氧化层和污垢，或者清除得不彻底；

3）焊接时间较短，焊锡没有达到足够高的温度；

4）在焊锡还未完全凝固时元器件被晃动。

 注　意

　　虚焊和假焊从外观上不容易准确识别，在进行大量焊接时，往往也无法对所有焊点都全部检测。为了减小后续的调试工作量，建议养成良好的焊接习惯，确保每一个焊点的质量。

虚焊、假焊的故障排查方法比较简单，直接使用万用表对疑似点进行阻值测试或通断测试即可，测试时可以结合元器件引脚晃动或对表笔施力等辅助措施。

初学者在进行焊接时，会出现或多或少的焊接缺陷。焊件、PCB、焊料、焊剂、电烙铁以及操作方法都是产生缺陷的重要原因。

4.3.4　易损件的焊接

易损件是指在插装焊接过程中因焊接温度过高而容易损坏的元器件，如注塑元器件、簧片类元器件、集成电路等。

（1）注塑元器件的焊接。目前，有机玻璃、聚氯乙烯、聚乙烯、酚醛树脂等有机材料广泛地应用在电子元器件的制造中。通过注塑工艺可以制成各种形状复杂、结构精密的开关和插接件，形成成本低、精度高、使用方便的注塑元器件。但注塑元器件的最大弱点是不能承受高温。焊接时如果不注意控制加热时间，高温容易经过引脚传导至塑料部位而造成有机材料的热塑性变形（软化），导致零件失效或性能降低。

注塑元器件的正确焊接方法是：

1）焊接前认真做好引脚表面的清洁工作，尽量一次镀锡成功；

2）焊接时选用较尖的烙铁头，尽量减小焊接时的接触面积；

3）尽量选择调温型电烙铁，焊接温度尽可能低；

4）使用烙铁头时不要对接线片施加压力，避免接线片变形；

5）在保证润湿的情况下，焊接时间一般不超过 2s，确保一次性焊接成功；

6）使用低熔点的焊料。

如果焊件的可焊性良好，只需要用挂上锡的烙铁头轻轻点一下焊盘与接线片即可完成焊接，切忌长时间地反复烫焊。焊接后，在引脚、塑壳冷却前不要晃动注塑元器件。

（2）簧片类元器件的焊接。簧片类元器件主要指继电器、波段开关等。其特点是在制造时对接触簧片已施加了预应力，使之有一定的弹性，以确保电接触的可靠。焊接过程中，不能对簧片施加过大的外力和热量，以免破坏接触点的弹力，造成元器件失效。

簧片类元器件的正确焊接方法如下：

1）在保证润湿的情况下，焊接时间尽量短；

2）焊接时不可对烙铁头施加外力；

3）焊锡用量宜少。

（3）集成电路的焊接。绝缘栅型场效应管（MOSFET）的输入阻抗很高、极间电容小，少量的输入静电荷即会感应较高的静电电压，导致元器件的"栅极—源极"间击穿损坏。双极型集成电路虽然不像 MOS 集成电路那样对静电荷敏感，但由于其内部集成度高，通常管子的隔离层很薄，吸收了过多热量后也容易造成元器件损坏。所以，在焊接这些元器件时，一定要非常小心并遵守相应的规则。

焊接集成电路时应注意以下几方面：

1）放置集成电路时，尽量不要用手接触芯片引脚，而应拿着管子的外壳，避免人体感应的少量电荷损坏集成电路。

2）焊接 MOS 集成电路时，电烙铁的外壳应良好接地，以防止烙铁头因漏电损坏集成电路。某些廉价电烙铁如果不方便接地，则必须等电烙铁温度稳定后，拔下电烙铁的电源插头，利用烙铁头的余热完成 1～2 个焊点的焊接。接下来再反复插、拔电烙铁，利用电烙铁的余温完成其余焊点的焊接。

3）用来焊接集成电路的内热式电烙铁功率不要超过 30W，外热式电烙铁的功率不超过 35W，选择尖烙铁头，以减少受热面积。注意确保电烙铁的良好接地；必要时，还要采取佩戴防静电腕带、穿防静电工作鞋等防护措施。

4）集成电路的引脚一般都经过镀金或镀锡处理，可以直接焊接。集成电路安全焊接的顺序是：接地端→输出端→电源端→输入端。

5）工作台上如果铺有橡胶、塑料等易于积累静电的材料，则芯片不宜放在台面上，以免静电损伤，最好使用防静电胶垫。

为确保集成电路不会被意外损坏，焊接时一定要遵循以上原则。不过，近年来生产的元器件在设计、生产的过程中，已经考虑了防静电措施，只要按照正确的规程操作，一般不会造成芯片的损坏。

4.4　实验开发板的焊接

实验开发板包括单片机最小系统、USB 转 TTL 模块、I/O 输入/输出部分、Zigbee 模块等。单片机最小系统包括单片机处理器及其外部电路。USB 转 TTL 模块提供两种功能，一是给单片机最小系统板上的各个模块供电，二为单片机提供程序烧写功能。I/O 输入/输出部分包括流水灯模块、蜂鸣器模块、按键模块、四位数码管模块、温度显示模块、直流电机模块、LCD1602 液晶显示模块和时钟模块。Zigbee 模块用于实现实验开发板数据的无线传送和接收。

1. 最小系统的焊接

如图 4 - 12 所示，最小系统包括单片机、晶振电路、复位电路。外加 USB 转 TTL 模块。

图 4 - 12　元器件摆放图

最小系统所使用元器件见表 4 - 1。

表 4 - 1　　　　　　　　　　　　最小系统元器件清单

文字符号	元器件名称	数量
STC12C5A32S2	DIP40 插座 （STC12C5A32S2 单片机）	1
J1，J2	20 脚单排插针	2
GND	4 脚单排插针	1
VCC	4 脚单排插针	1
C3	104pF 插件电容	1
C1，C2	33pF 插件电容	2
X1	11.0592MHz 晶振	1
S5	4 脚按钮开关	1
R1	10kΩ 插件电阻	1

续表

文字符号	元器件名称	数量
C0	10μF/25V 插件电容	1
R18	470Ω 插件电阻	1
LED0	发光二极管（红色）	1
P1	6 脚开关	1
D9	二极管（插件）	1
R32	1kΩ 插件电阻	1
USB	USB （电源供电 & 程序烧写电路）	1

焊接最小系统部分时，应当注意以下几点：

（1）焊接单片机部分时，避免直接将单片机插到开发板，应当焊接 DIP40 插座，注意插座上端的凹口要与开发板上图标的凹口方向一致。

（2）开发板上 J1、J2、VCC、GND 处焊接单排插针，应当将插针的短头插到开发板上。其中，J1、J2 各有 20 根引脚，VCC、GND 各有 4 根引脚。

（3）LED0 和 D9 二极管的正负极避免插反。其中 LED0 为红色发光二极管，长引脚为正极，短引脚为负极；D9 为插件二极管，黑色端为正，白色端为负。

（4）将六脚开关上端白色部分有凹口的那面朝向红色发光二极管 LED0 插到开发板上。

（5）R18、R1、R32 电阻避免出错。焊接之前，如果阻值大小不确定，利用万用表进行测量。

2. 流水灯模块的焊接

流水灯模块的相关元器件在实验开发板上的摆放位置如图 4 - 12 所示。

流水灯模块所使用元器件见表 4 - 2。

表 4 - 2 流水灯模块元器件清单

原理图符号	元器件名称	数量
R8，R9，R10，R11 R12，R13，R14，R15	1kΩ 插件电阻	8
L5，L6，L7，L8 L9，L10，L11，L12	发光二极管（绿色）	8

焊接流水灯模块时，应当注意以下几点：

（1）R8～R15 电阻阻值大小一致，均为 1kΩ。

（2）L5～L12 均为绿色发光二极管，注意其正负极，长引脚为正极，短引脚为负极。

3. 蜂鸣器模块的焊接

蜂鸣器模块的相关元器件在实验开发板上的摆放位置如图 4 - 12 所示。

蜂鸣器模块所使用元器件见表 4-3。

表 4-3　　　　　　　　　　　　　蜂鸣器模块元器件清单

原理图符号	元器件名称	数量
JP6	2 脚单排插针（需跳帽）	1
BELL	蜂鸣器	1
Q1	NPN 插件三极管 8050	1
R19	1kΩ 插件电阻	1
R20	100Ω 插件电阻	1

焊接蜂鸣器模块时，应当注意以下几点：

（1）JP6 为两根引脚的插针，插法和 J1、J2 一致；调试时需要在插针上插上跳帽（跳帽起连接作用，相当于通路）。

（2）蜂鸣器有正负极之分，其中长引脚为正极，短引脚为负极。

（3）放置三极管 8050 时，以平面朝向蜂鸣器的方式插到开发板；焊接时，避免三根引脚短接。

（4）R19、R20 电阻避免放错。

4. 按键模块的焊接

按键模块的相关元器件在实验开发板上的摆放位置如图 4-12 所示。

按键模块所使用元器件见表 4-4。

表 4-4　　　　　　　　　　　　　按键模块元器件清单

原理图符号	元器件名称	数量
S1，S2，S3，S4	4 脚按钮开关	4

5. 四位数码管模块的焊接

按键模块的相关元器件在实验开发板上的摆放位置如图 4-12 所示。

四位数码管模块所使用元器件见表 4-5。

表 4-5　　　　　　　　　　　　四位数码管模块元器件清单

原理图符号	元器件名称	数量
R21, R22, R23, R24, R25, R26, R27, R28	200Ω 插件电阻	8
DS1-4	4 位数码管	1
C18, C19	20pF 插件电容	2
X3	12MHz 晶振	1
7289BS	贴片芯片 7289BS	1
J8	3 脚单排插针	1

微课4

7289BS 芯片焊接

焊接四位数码管模块时，应当注意以下几点：

（1）数码管上下各有 4 个阻值为 200Ω 的电阻。

（2）四位数码管插到开发板时，注意其方向，将 4 个点一端朝下放置。

（3）焊接贴片芯片 7289BS 时，将芯片及其上面的文字摆正，保证芯片上的小点朝向左下角以及芯片每个引脚与焊盘对应。

6. LCD1602 液晶显示模块的焊接

LCD1602 液晶显示模块的相关元器件在实验开发板上的摆放位置如图 4 - 12 所示。

LCD1602 液晶显示模块所使用元器件见表 4 - 6。

表 4 - 6　　　　　　　　　　　　LCD1602 液晶显示模块元器件清单

原理图符号	元器件名称	数量
LCD _ 1602	16 脚单排插座 （LCD1602 显示屏）	1
R3	滑动变阻器	1
J10	9 针排阻（5.1kΩ）	1

焊接 LCD1602 液晶显示模块时，应当注意以下几点：

（1）开发板 LCD1602 处，应当放置 16 脚单排插座，避免直接将显示屏焊接到开发板上。

（2）单排插座要求剪出 16 个引脚，切记从第 17 个引脚处开始剪。

（3）放置滑动变阻器时，将带有铜帽的一侧朝下插到开发板上。

（4）J10 为 5.1kΩ 的 9 针排阻。将 J10 标有文字的一面朝向单片机放置，并且保证文字上的白色小点朝上。

7. 时钟模块的焊接

时钟模块的相关元器件在实验开发板上的摆放位置如图 4 - 12 所示。

时钟模块所使用元器件见表 4 - 7。

表 4 - 7　　　　　　　　　　　　时钟模块元器件清单

原理图符号	元器件名称	数量
R29，R30，R31	10kΩ 插件电阻	3
BATTERY	3V 电池/电池座	1
J5	3 脚单排插针	1
DS1302 _ 2	DIP8 插座（DS1302）	1
DS1302 _ 2	时钟芯片	1

焊接 LCD1602 液晶显示模块时，应当注意以下几点：

（1）J5 和 J8 的插法、焊接一致。

微课5

电机改装

（2）焊接 DS1302 时，避免直接将芯片焊接。

（3）电池插座要注意方向。焊接时，先在两边焊盘上加上焊锡，将电池插座放上，然后用电烙铁加热两面的电池铜片，等其熔化并冷却。

8. 直流电机模块的焊接

直流电机模块的相关元器件在实验开发板上的摆放位置如图 4-12 所示。

直流电机模块所使用元器件见表 4-8。

表 4-8　　　　　　　　　直流电机模块元器件清单

原理图符号	元器件名称	数量
L298N	L298N 电机驱动	1
C6，C7	104pF 插件电容	3
R16，R17	1kΩ 插件电阻	2
MG1，MG2	2 脚单排插针	2

焊接直流电机模块时，应当注意以下几点：

（1）焊接直流电机芯片时，焊锡量要适中，避免焊锡从孔中漏到前侧导致芯片两引脚相连短路。

（2）MG1、MG2 为 2 脚单排插针，用法和其他插针一样。

9. 温度显示模块的焊接

温度显示模块的相关元器件在实验开发板上的摆放位置如图 4-12 所示。

温度显示模块所使用元器件见表 4-9。

表 4-9　　　　　　　　　温度显示模块元器件清单

原理图符号	元器件名称	数量
R2	5.1kΩ 插件电阻	1
DS18B20	DS18B20（只焊插座）	1
DS18B20	DS18B20 芯片	1

焊接温度显示模块时，应当注意开发板 DS18B20 处为 DS18B20 插座。

10. Zigbee 模块的焊接

Zigbee 模块的相关元器件在实验开发板上的摆放位置如图 4-12 所示。

Zigbee 模块所使用元器件见表 4-10。

表 4 - 10　　　　　　　　　　　　　　**Zigbee 模块元器件清单**

原理图符号	元器件名称	数量
Zigbee	9 引脚单排插座	2
LED1，LED2，LED3，LED4	发光二极管（红色）	4
R4，R5，R6，R7	1kΩ 插件电阻	4
HEADER2×2	2 引脚单排插针（需跳帽）	2

焊接 Zigbee 模块时，应当注意以下几点：

（1）开发板 Zigbee 处，上下各放置 9 引脚单排插座，避免直接将通信模块接到开发板上。

（2）单排插座要求剪出 9 个引脚，切记从第 10 个引脚处开始剪。

（3）LED1、LED2、LED3、LED4 均为红色发光二极管，插入时注意方向。

（4）开发板上剩余两个图标（长方形的框内包含两个圆孔），可放置 2 引脚的插针，使用方法和 JP6 一样。

第5章 电路调试技术

电子产品整体装配完毕或单元电路焊接完成后，为使电子产品的各项性能参数满足要求并具有良好的可靠性，调试工作非常重要。调试的目的：

（1）检查系统或单元电路的工作是否正常，发现设计缺陷和安装错误并加以改进与纠正，或者提出整改建议。

（2）调整电路中的元器件参数，确保产品的各项功能和性能指标达到设计要求。

5.1 电路调试基本步骤

电路调试的技术手段很多，不同产品的调试方法存在较大差异，但调试思路与步骤基本一致。

1. 预检查

对于初次组装完成，即将开始调试的电路，可能存在元器件插错、插反、型号错误等非原理性故障，因此在电路调试之前不要贸然通电，应该通过仔细的预检查，发现和纠正比较明显的安装错误和故障点，避免引发连锁性故障。

由于电源故障对系统的破坏性较强，因而建议使用万用表测试电源输入端的电阻，判断有无短路、元器件插反等故障。

对需要维修的电路进行调试时，应仔细观察电路中比较明显的元器件故障（如元器件的损坏、电气连线的开路），以寻找直接的故障点。

2. 通电调试

通电调试包括通电观察、静态调试和动态调试等内容。不论电路的复杂程度如何，调试中都应该养成"先静态、后动态""分单元、分阶段"调试的良好习惯。

（1）通电观察。在进行电路调试以前，调试者应该充分熟悉被调试电路的工作原理和性能指标，明确调试内容。

接通电源后不要急于测量电气指标，要注意观察电源指示灯是否点亮，系统有无异常现象，如整机工作电流是否偏大，有无异常气味飘出，电路有无冒烟现象，用手或温度计触摸集成电路、晶体管、二极管等重点元器件表面以判断有无温度异常。如出现上述异常现象，说明电路内部存在故障，必须立即切断电源并排查故障。

对于复杂程度较高的电路系统，不建议一次性将电源加到所有电路单元中，可以采用分块通电或独立通电的模式进行通电观察，以明确故障所在的位置。

1）分块通电是指按照电路的功能模块，从系统的前级到后级或者从后级到前级依次接通各个单元的电源，观察有无异常情况并记录整机工作电流。分块通电主要用于单元模块间存在信号单向流动且各个模块工作状态差别较大的情况。

2）独立通电是对各个单元模块进行独立的分时供电并分别测试各自工作状态。独立通电主要适用于各个单元模块工作状态差别不大，特别是每个模块的工作电流均比较大的场合。

（2）静态调试。如果系统通电后基本工作情况正常，就可以使用万用表、示波器等设备进行电路静态调试。静态调试是针对直流工作状态的调试。它根据实际电路的工作情况，可以选择将输入信号接地、保持输入端悬空或者加某个固定电平信号模式。

直流工作状态是一切电路的工作基础。直流工作点不正常，电路自然无法实现特定的电气功能。很多早期电子产品的电气原理图上，均标注有详细的直流工作点参数（如晶体管各电极的直流点位或工作电流，集成电路各引脚的工作电压或对地电阻），作为电路调试的参考依据。

应该注意，元器件的数量都具有一定的偏差，仪器仪表本身也具有一定的测试误差，可能会出现测试数据与参考的直流工作点不完全相同的情况。但就总体而言，它们之间的差值不应该很大，相对误差基本不会超出 $\pm 10\%$。

在静态调试阶段需要测量以下内容：

1）确定电源电压是否正常加载，确定晶振电路是否起振；

2）采用万用表测试晶体管的静态工作点、集成电路关键引脚的电压值；

3）采用电流表测量各级单元模块的静态工作电流；

4）采用示波器测试电源的纹波系数。

通过测量值与参考值的比对，或者结合电路工作状态的分析、预测，即可判断电路的直流工作状态是否正常，以及时发现电路中的故障点。

通过更换损坏的元器件或调整电路参数，直到电路的静态工作参数符合设计要求。

（3）动态调试。电路的动态调试是建立在静态调试基础上的，当电路的静态工作参数基本调试完成之后，即可转入动态调试阶段。

动态调试需要在电路的输入端接入合适的信号，并按照信号的流向，分单元检查并调整有关元器件，检测重要观测点的输出信号，直至系统各个单元均能较好地完成预定的电气功能。

动态调试的过程中，如果检测到不正常现象，应综合分析产生的原因并研究故障排除方案，反复调试直到满足指标要求。如果被调试的单元模块工作频率很高或者处理的信号非常微弱，则需要采取一定的屏蔽措施，防止模块的工作状态被其他信号干扰，或者对其他电路产生干扰。

在动态调试中常用的测量仪器包括信号源、示波器、逻辑分析仪、频谱分析仪，扫频仪等。

（4）电路分块调试。对于简单的电路，调试前只需要明确输入、输出关系即可。而对于复杂的电子电路，可以人为地将电路系统划分为若干个功能相对独立的子模块，然后针对每个模块进行单独调试。这种做法可以有效避免各个模块之间电信号的相互干扰；更重要的是，如果系统存在问题时，能够通过各个模块的相对独立性，迅速定位故障点，缩小故障排查范围。

除了正在调试的电路，其余各部分都被隔离元器件断开而不工作，因此不会产生相互干扰和影响。如果电路中没有设置隔离元器件，则可以采用逐级装配和调试的方法。每个单元调试完毕后再装配、调试下一单元。

3. 整机联合调试

各个单元模块调试完毕后，就可以接通所有的隔离元器件，将所有断开的信号通道全部恢复正常连接，进入整机联合调试阶段。

整机联合调试，简称整机联调，是在单元电路测试正常后对整个系统进行的联合调试和检测。通过调整可调元器件参数、修改不合理的元器件参数、纠正设计缺陷、改进设计方案，确保产品的各项功能和性能指标达到设计要求。

整机联调之前，各单元模块电路应首先通过调试并处于正常工作状态。将各个单元模块逐级连接起来之后，系统可能会出现新的相互影响甚至冲突。整机联调主要针对电路系统中某些元器件参数进行调整，使系统的各项技术指标达到预期要求。

常见的可调元器件包括电位器、微变电容、可变电感、多刀多掷开关、跳线等。可调元器件的优点是调节方便，即使电路工作一段时间以后参数发生变化，也可以重新调整。但是，可调元器件的可靠性较差，体积也比固定元器件大，在系统联调完毕之后，建议用等值的固定元器件对其进行更换。可调元器件的参数调整确定以后，为了避免因受热或振动等因素的影响，一般建议选用油漆或热熔胶固定其调整端。

整机联调是确保电路工作状态完好、工作指标合格的重要环节。整机联调的步骤，应该在调试工艺文件中明确、细致地规定出来，使调试人员易于理解并严格按照步骤执行。

在条件允许的情况下，最好能够对整机联调完毕的电路系统进行老化试验和环境试验。

5.2　单片机实验开发板分模块调试

焊接完毕的单片机实验开发板实物如图 5-1 所示。

微课6

最小系统调试

图 5-1　STC12C5A32S2 实验开发板实物

1. 最小系统调试

焊接完成后，对最小系统进行调试。打开烧录软件，下载程序，观察程序是否下载成功。若成功，表示最小系统可以工作，则进行下面模块调试；若下载不成功，表示焊接出现问题，可能的原因有：

微课7

（1）部分焊点出现虚焊；

（2）晶振或电容损坏导致晶振电路不起振。

2. 流水灯模块调试

焊接结束并烧录程序，可观察流水灯有规律地闪烁和变化，如图5-2所示。

若出现流水灯不亮，则可能出现的原因有：

流水灯模块调试

（1）电阻选择错误；

（2）流水灯正负极错误。

图5-2　流水灯模块调试

3. 蜂鸣器模块调试

烧录程序，在JP6处插上跳帽可听到蜂鸣器发出嘀嘀的响声。

若出现蜂鸣器不响或上电一直响，则可能的原因有：

微课8

蜂鸣器模块调试

（1）电阻选择错误；

（2）蜂鸣器正负极错误；

（3）三极管短接或损坏。

4. 按键模块调试

按键模块调试，如图5-3所示，利用按键可以控制流水灯的亮灭。

微课9

按键模块调试

5. 四位数码管模块调试

下载程序后，利用导线将J8的三个引脚分别和J2的2、3、4引脚相连，数码管上显示数字"1234"，如图5-4所示。

若数码管显示出现乱码，则可能出现虚焊或者数码管损坏。

若数码管不亮，则可能的原因有：

微课10

四位数码管
模块调试

（1）数码管损坏；

图 5-3　按键模块调试

图 5-4　四位数码管模块调试

（2）晶振电路不起振；

（3）7289BS 贴片芯片焊反或损坏；

（4）J10 处的排阻未焊接；

（5）三根导线未连接或导线顺序错误。

6. LCD1602 液晶显示模块调试

如图 5-5 所示，安装显示屏，可观察到显示英文字符。

若显示屏不亮或不显示字符，则可能的原因有：

（1）显示屏插反或插错位；

（2）滑动变阻器 R3 处的铜帽未调节；

（3）显示屏损坏。

微课11

LCD1602 液晶
显示模块调试

图 5-5 LCD1602 液晶显示模块调试

7. 时钟模块调试

下载程序后，利用导线将 J5 的三个引脚分别和 J2 的倒数 3、2、1 引脚相连，并安装上电池，则液晶显示屏上显示电子万年历信息，如图 5-6 所示。

图 5-6 时钟模块调试

若显示屏上显示的万年历不正确，则可能的原因有：

（1）DS1302 芯片未插入插座或芯片插反；

（2）三根导线连接错误。

8. 温度显示模块调试

下载程序后，插上 DS18B20 芯片（注意方向），平面朝向单片机插到插座上，在液晶显示屏上显示本地温度值，如图 5 - 7 所示。

图 5 - 7　温度显示模块调试

微课13

直流电机模块调试

若显示乱码或者"85"，则可能原因有：

（1）DS18B20 芯片没插或插反；

（2）芯片损坏。

9. 直流电机模块调试

下载程序后，在 MG2 处插上直流电机，可观察到直流电机的正反转和停止，如图 5 - 8 所示。

图 5 - 8　直流电机模块调试

若直流电机不转，则可能原因有：

（1）直流电机损坏；

（2）直流电机插错位置。

10. Zigbee 模块调试

如图 5-9 所示，使用两块配有 Zigbee 模块、DS18B20 温度传感器以及液晶显示屏的开发板（在单片机左侧插针位置竖直方向插上两个跳帽）。使用两块开发板分别下载无线发送程序和无线接收程序。通电后，可在两块开发板上看到温度传输信息。

图 5-9　Zigbee 模块调试

若不显示温度或乱码，则可能原因有：

（1）Zigbee 模块损坏；

（2）实验之前没有对 Zigbee 进行配置操作；

（3）Zigbee 模块插反或插错位。

第6章 软 件 安 装

6.1 驱动程序的安装

1. 系统要求

安装 USB_Driver 驱动程序，必须满足一定的硬件和软件要求，才能确保编译器以及其他程序功能正常使用，具体要求如下：

（1）Windows XP、Windows Vista、Windows 7、Windows 8、Windows 10 系统；

（2）至少 16MRAM、20MB 以上硬盘容量。

驱动程序安装

2. 软件安装

Windows XP 系统找到 USB_Driver. Exe 安装程序（路径：USB驱动安装/XP/SETUP/USB_Driver. Exe），然后双击 USB_Driver. exe。

Windows Vista7/Windows 7 系统找到 PL-2303 Vista&Win7 Driver Installer. exe（路径：USB 驱动安装\Vista_Win7 驱动\PL-2303 Vista&Win7 Driver Installer. exe），然后双击 PL-2303 Vista&Win7 Driver Installer. exe。

Windows 8/10 系统找到 PL2303_Prolific_DriverInstaller_v1210. exe（路径：USB 驱动安装\Win8、10 驱动\PL2303_Prolific_DriverInstaller_v1210. exe），然后双击PL2303_Prolific_DriverInstaller_v1210. exe。

> **注 意**
>
> 如果"PL-2303 Vista&Win7 Driver Installer. exe"安装不上，再选择安装"PL2303_Prolific_DriverInstaller_v1210. exe"。

以 Windows XP 系统为例，PL-2303 XP 安装界面如图 6-1 所示。单击下一步，等待安装完成，PL-2303 XP 安装完成界面如图 6-2 所示。

安装完成后，将 USB 串口通过数据线连接至计算机。如果 USB 设备还不能正常使用，查看设备管理器中"端口（COM 和 LPT）"列表中是否出现感叹号，如图 6-3 所示。

若出现感叹号，此时需要手动安装，在"USB-Serial controller"单击右键，选择更新驱动程序，如图 6-4 所示。

弹出硬件更新向导，选择"自动安装软件"，如图 6-5 所示。

单击下一步出现，如图 6-6 所示界面。

等待搜索完成，完成界面如图 6-7 所示。

单击"完成"，USB 驱动安装成功。

Windows 7/8/10 安装步骤同上所述。Windows 8/10 如遇设备管理器中"端口（COM 和 LPT）"出现感叹号建议使用手动更新，具体步骤如下：

图 6 - 1　PL - 2303 XP 系统安装界面

图 6 - 2　PL - 2303 XP 系统安装完成界面

　　在设备管理器端口选项中找到 USB - Serial controller 单击右键，选择更新驱动程序。
　　选择浏览计算机查找驱动程序软件，如图 6 - 8 所示。此时，会弹出"浏览计算机上的驱动程序文件"，选择下方"从计算机的设备驱动程序列表中选择"，如图 6 - 9 所示。弹出"浏览计算机上的驱动程序文件"，在"型号"下方选择备注日期较早的版本选项，如下方选择"prolific USB - to - serial Comm port（COM4）［2005/8/3］"选项，如图 6 - 10 所示。
　　单击下一步，等待搜索，完成安装。

图 6-3 端口列表异常显示界面

图 6-4 程序驱动界面

图 6-5 硬件更新向导欢迎界面

图 6-6　硬件更新向导下一步界面

图 6-7　硬件更新向导完成界面

图 6-8　计算机驱动程序软件查找选项界面

图 6-9　驱动程序文件列表选择界面

图 6-10　驱动程序型号选择界面

6.2　Keil 软件安装

Keil 软件是美国 Keil Software 公司出品的 51 系列兼容单片机 C 语言与汇编语言的开发软件，Keil 软件提供了包括 C 编译器、宏汇编、链接器、库管理和一个功能强大的仿真调试器在内的完整开发方案，通过一个集成开发环境将这些部分组成在一起。

运行 Keil 软件需要 Windows 2000、Windows XP、Windows 7/8/10 等操作系统。如果

使用 C 语言编程，那么 Keil 软件方便易用的集成环境，强大的功能可以大大提高工作效率。Keil 软件还保留了汇编语言代码高效、快速的特点。Keil 软件的安装步骤具体如下：

图 6-11　安装程序运行图标　　步骤一：运行安装程序，如图 6-11 所示。

步骤二：安装过程如图 6-12 所示。

(a)

(b)

图 6-12　Keil 安装界面

(a) 安装中；(b) 安装完成

步骤三：双击运行刚安装完毕的 Keil μVision4（见图 6-13），进入 Keil μVision4 的集成编辑环境。

图 6-13　Keil 快捷方式

6.3　STC 单片机烧录工具（STC - ISP）安装及使用方法

微课15

STC - ISP 下载软
件的使用方法

在官方网站 www. stcmcu. com 下载最新版的"编程烧录软件"。

1. 使用注意事项

打开下载软件，出现如图 6 - 14 所示界面，表示软件启动正常。

> **注 意**
>
> 在点击 `Download/下载` 之前，一定要关掉单片机电源开关，点击后2~5s打开电源开关。

图 6 - 14　STC - ISP 显示界面

查看 COM 端口以及选用端口的方法：

（1）右键单击"我的电脑"或"计算机"。选择"属性"，弹出"属性"窗口后点击"硬件"标签，然后选择"设备管理器"按钮，或者按"开始"→"设置"→"控制面板"→"管理工具"→"计算机管理"→"设备管理器"进行选择。

（2）点开"端口"选项查看端口号，软件使用时 COM 端口就设置成此端口号。波特率最低和最高均设置成 2400bit/s，不同的电脑设备可能会略有不同。

重要说明：图 6 - 15 所示设置不能更改，否则 STC 单片机无法下载程序。

图 6-15　STC-ISP 设置界面

2. 具体使用步骤

（1）打开软件目录下的 STC 解压版，将里面所有类似图 6-16 所示的 DLL 和 OCX 为后缀名的文件复制到系统 Windows\system32 下面。替换此目录下原来有的、大小为 0 的文件；如果没有就直接复制。如果复制时提示"×××文件正在被使用"，则需将电脑重启后再重新复制一次。（如果系统没有显示后缀名，请先在文件夹选项中选中显示文件后缀名。）

图 6-16　DLL 和 OCX 为后缀的名称文件

然后双击该目录下的 STC-ISP V29 Beta5 可执行文件 。

（2）软件安装完后，启动。首次设置时只需注意芯片的选择，在界面左上角下拉框中选择与硬件匹配的 STC 系列单片机具体型号，如图 6-17 所示。

图 6-17　芯片型号选择界面

（3）软件安装设置完成后，连接硬件实验开发板。

首先要保证实验开发板上使用的是 STC 系列单片机；USB 串口以及数据电缆线一定要与计算机相连，它可实现 USB 通信，更重要的是给整块实验板供电。当连好 USB 线后，按下左上方的开关，会看到开关右侧电源指示灯亮起。

（4）硬件连接成功后，首先设置串口和波特率。然后点击软件界面上"打开程序文件"，如图 6-18 所示。选择编译生成的 hex 文件，确定即可。

图 6-18　程序打开界面

（5）点击下载前，要先关闭实验开发板上的电源，因为 STC 单片机内有引导码，在上电时会与计算机自动通信，检测是否要执行下载命令，所以要等待接收下载命令后再给单片机上电。然后点击图 6-19 所示界面的"Download/下载"，接着按下实验开发板上的电源给单片机上电，观察程序是否能正常下载。

图 6-19　下载上电提示界面

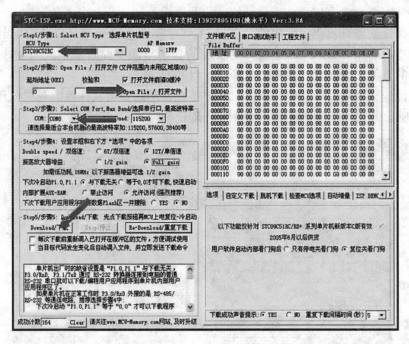

图 6-20 单片机烧录步骤汇总

3. 单片机烧录步骤汇总

（1）选择单片机类型，必须是 STC 系列。

（2）打开需要烧写的 hex 文件。

（3）选择对应的 COM 端口，以及合适的波特率。

（4）点击下载，关掉实验开发板电源，然后稍等片刻打开电源，等待下载完成。

具体步骤如图 6-20 所示。步骤中第（4）步的操作非常重要，是冷启动，即电源完全关掉，然后重新上电。

4. STC 单片机烧录问题汇总

（1）第（4）步开关顺序不正确。

（2）串口没有选择正确。

（3）串口线或者 USB 转串口线没有连接好。

（4）电源开关未打开。

（5）芯片放置不正确，型号选择不正确。

（6）软件不兼容。可在 http：//www. stcmcu. com/下载最新版本。

（7）波特率设置过高，需要变换较低的波特率。有的笔记本电脑波特率甚至要设置到最低（2400bit/s）。V4. 83 版本的，最低和最高波特率均设置为 2400bit/s。

（8）如果是台式机，建议使用电脑后面的 USB 接口。

（9）检查芯片是否有可能损坏。

第2篇

实验与实践指导

第7章 软 件 实 验

实验一 Keil C51 集成开发平台的使用练习

一、实验目的

熟悉 Keil C51 集成开发平台的使用方法。

二、实验要求

熟练掌握 Keil C51 集成开发平台的工程建立、编辑与编译功能。

三、实验仪器和设备

(1) 硬件：计算机。

(2) 软件：Keil 软件 μVision3。

四、实验内容

(1) 进行 Keil C51 集成开发平台的安装和使用练习。

(2) 建立一个工程项目并进行编译。

五、实验方法和步骤

(1) 启动软件：双击桌面的 Keil C51 快捷图标，进入图 7 - 1 所示的 Keil C51 集成开发平台。

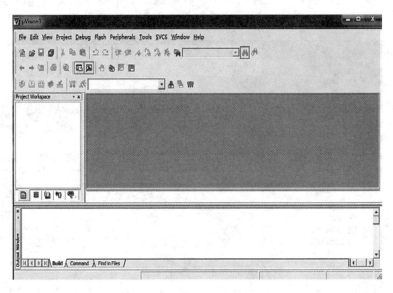

图 7 - 1 Keil C51 启动界面

(2) 建立工程项目：选择工具栏的【Project】→【New Project】命令，建立一个新的 μVision3 工程，取一个工程名，单击"保存（S）"按钮。为方便工程管理，在新建工程之前，先新建一个文件夹，将工程保存在新建的文件下，如图 7 - 2 所示。

图 7 - 2　建立工程项目

选择 CPU 的型号为 Atmel 系列 AT 89C51，如图 7 - 3 所示。单击确定后，在跳出的界面 "Copy Standard 8051 Startup Code to Project Folder and Add File to Project?" 上选择。若新建工程的源文件是汇编语言的程序，选择 "NO"；若新建工程的源文件是 C 语言的程序，选择 "YES"。

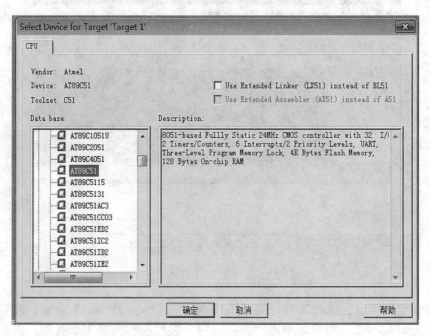

图 7 - 3　选择 CPU 型号

（3）建立项目文件：单击【File】→【New】新建一个名为"ex1"的空白文件，单击【File】→【Save】，如图 7 - 4 所示。

图 7 - 4 项目文件建立

输入文件名，汇编文件保存格式为"源文件名 . asm"，C 语言文件保存格式为"源文件名 . c"。

（4）添加项目文件：单击如图 7 - 4 所示界面"保存"后出现图 7 - 5 所示界面。单击左侧列表中的"Target 1"，出现下拉文件选项"Source Group 1"。右击"Source Group 1"，选择"Add Files to Group 'Source Group 1'"。然后找到刚才新建的源文件并选择，单击"Add"，加载完成后单击"Close"，如图 7 - 6 所示，然后即可在弹出的编辑界面上编写程序，如图 7 - 7 所示。

图 7 - 5 添加项目文件

图 7-6　文件添加完成

图 7-7　程序编写界面

（5）工程的详细设置：在 μVision3 的菜单【Project】→【Options For Target 'Target1'】的"Output"选项卡中，选中"Create HEX File"以产生 hex 文件。

点击主界面中第一行的【Project】，选择【Options for Target 'Target 1'】，将晶振时钟频率选择为 12MHz，如图 7-8 所示。

图 7-8　"Target"选项卡

（6）进行汇编：选择菜单【Project】→【Rebuild all target files】后，程序会出现图 7-9 所示程序编译界面。若没有错误则生成相应的"工程名.hex"的文件，用于下载程序到单片机上单独硬件运行。

图 7 - 9　程序编译界面

六、实验注意事项

（1）做实验要养成一个良好的习惯。在每次做实验时，都要在工作盘新建一个文件夹，保存项目和汇编源文件，为了下一步的添加源文件做准备。

（2）在做软硬件联合调试时，注意一定要选择正确 CPU 的型号。

七、实验参考程序

汇编语言程序：

```
1           ORG      0000H
2           LJMP     MAIN
3           ORG      0200H
4  MAIN:    MOV      SP,#60H
5           LCALL    DELAY
6           SJMP     $ ;              延时子程序
7  DELAY:   MOV      R7,#50;    12M 时钟下延时 1ms
8  DELAY0:  MOV      R6,#10
9  DELAY1:  DJNZ     R6,DELAY1
10 DJNZ     R7,DELAY0
11 RET
12 END
```

C 语言程序：

```
1 #include <intrins.h>
2 void delay_ms(int ms)              //1ms 单位延时
```

```
3 {
4          unsigned char y ;
5          while(ms - - )
6          {
7                  for(y = 0 ; y<100 ; y+ + )
8                  {
9                          _nop_();
10                         _nop_();
11                 }
12         }
13 }
14  main()
15 {
16         delay_ms(1);            //1ms 延时
17         while(1);
18 }
```

八、思考题

试编写一段延时 100ms 和 1s 的程序。

实验二　查寻 LED 段码实验

一、实验目的

掌握单片机简单程序的设计，熟悉采用 Keil 软件的调试技术。掌握使用某些窗口，比如寄存器窗口等。

二、实验要求

熟悉掌握 Keil C51 集成开发环境仿真调试技术。

三、实验仪器和设备

（1）硬件：计算机。

（2）软件：Keil 软件 μVision3。

四、实验内容

设计一段查寻 LED 段码的程序。

五、实验方法和步骤

根据要求对调试环境设置好后（注意：此时的实验为纯软件仿真，所以目标应用程序应该从 0000H 开始存放；在图 7-10 所示 Debug 调试环境设置界面中，Debug 调试方式应选 "Use Simulator" 模拟仿真），单击🔍快捷命令进入 Debug 调试界面，单步运行程序，注意观看 A 的变化。

六、实验参考程序

汇编语言程序：

```
1       ORG     0000H
2       LJMP    MAIN
```

图 7-10 Debug 调试环境设置界面

3	ORG	0200H
4	MAIN:	
5	MOV	SP, ♯60H
6	MOV	A, ♯07H
7	LCALL	TAB
8	SJMP	$
9	TAB:	
10	INC	A
11	MOVC	A, @A + PC
12	RET	
13	DB	0C0H, 0F9H, 0A4H, 0B0H, 099H, 092H, 082H, 0F8H, 80H, 090H
14	DB	088H, 083H, 0C6H, 0A1H, 86H, 8EH; (0~F)共阳段码
15	END	

C 语言程序:

```
1 #include <reg51.h>
2 unsigned char code tab[] = {0x0c0, 0x0f9, 0x0a4, 0xb0, 0x99, 0x92, 0xf82, 0xf8,
3 0x80, 0x90, 0x88, 0x83, 0xc6, 0xa1, 0x86, 0x8e};          //(0~F)共阳段码
4 main()
5 {
6     unsigned char a;
7     a = tab[0x07];
8     while(1);
9 }
```

七、实验思考题

怎样使用 MOVX 指令来编写查表程序?

实验三　无符号十进制数加法实验

一、实验目的

掌握汇编语言设计和调试方法，熟悉 Keil 的操作方法。

二、实验要求

掌握双字节无符号十进制压缩 BCD 码的加法原理以及查表读数原理。

三、实验仪器和设备

(1) 硬件：计算机。

(2) 软件：Keil 软件 μVision3

四、实验内容

编写并调试一段双字节无符号十进制数加法程序。其功能为将由数据表输入的两个字节压缩 BCD 码（即 4 位十进制数）的加数和被加数写入由（R0）指出的内部 RAM 中，并将这两个数相加，结果存放于（R1）指向的内部 RAM 中。

例如：被加数写入 41H、40H 单元，加数写入 51H、50H 单元，运行程序结果写入 52H、51H、50H 中，则加法程序功能为

$$(41 \text{H})(40\text{H}) + (51\text{H})(50\text{H}) = (52\text{H})(51\text{H})(50\text{H})$$

实验流程图如图 7-11 所示。

五、实验方法和步骤

(1) 断点运行程序，检查 41H、40H、51H、50H 与键入值是否对应。

(2) 全速或断点运行程序，检查 52H、51H、50H 存在的十进制数运算结果是否正确。

(3) 程序连续运行，改变加数、被加数后，显示运行结果。若有错误改用单步或断点分段调试程序，排除软件错误。

图 7-11　实验三流程

六、实验参考程序

汇编语言程序：

```
1          ORG    0000H
2          LJMP   MAIN
3          ORG    0200H
4   MAIN:
5          MOV    SP, #60H
6          MOV    R7, #2
7          MOV    R6, #2
8          MOV    R5, #2
9          MOV    R0, #40H
10         MOV    R1, #50H
11         MOV    DPTR, #TAB
12  D1:    CLR    A
13         MOVC   A, @A+DPTR
14         MOV    @R0, A
15         INC    DPTR
```

```
16          INC         R0
17          DJNZ        R7,D1
18    D2:   CLR         A
19          MOVC        A,@A+DPTR
20          MOV         @R1,A
21          INC         DPTR
22          INC         R1
23          DJNZ        R6,D2
24          LCALL       ADD1
25          SJMP        $
26    ADD1: MOV         R0,#40H
27          MOV         R1,#50H
28    ADD2: MOV         A,@R0
29          ADDC        A,@R1
30          DA          A
31          MOV         @R1,A
32          INC         R0
33          INC         R1
34          DJNZ        R5,ADD2
35          CLR         A
36          ADDC        A,#0
37          MOV         52H,A
38          RET
39    TAB:
40          DB          88H,89H,98H,99H
41          END
```

C 语言程序：

```c
1  #include "reg52.h"
2  #define  uchar unsigned char
3  void main()
4  {
5      uchar c_ac,c_cy = 0,cc = 0,i;        // c_ac,c_cy用于十进制调整
6      bit ac,cy;                           //暂存进位标志位
7      uchar aa;
8      uchar data * a = 0x40;
9      uchar data * b = 0x50;               //只有在 keil C 中才能这样直接给指针赋地址
10     * a = 0x88;                          //在 memory 窗口输入 d:0x40 可以查看内存里的值
11     * (a + 1) = 0x89;
12     * b = 0x98;
13     * (b + 1) = 0x99;
14     * (b + 2) = 0x00;
15     for( i = 0;i<2;i + + )
```

```
16          {
17          aa = *(a+i)+cc;
18          *(b+i) = *(b+i)+aa;               //这两个算式要分开来写 AC CY 标志位才正确
19          ac = AC;cy = CY;                   //暂存进位标志
20          /////////十进制调整 相当于汇编的 DA 指令//////
21          if(ac||(*(a+i) & 0x0f)>0x09)
22                    c_ac = 1;
23          else
24                    c_ac = 0;
25          if(cy||(*(a+i) & 0xf0)>0x90)
26                    {c_cy = 1;cc = 1;}
27          else
28                    {c_cy = 0;cc = 0;}
29          *(b+i) = *(b+i)+0x06*c_ac+0x60*c_cy;
30          if((*(a+i) & 0x0f)>0x09)
31                c_ac = 1;
32          else
33                c_ac = 0;
34          if((*(a+i) & 0xf0)>0x90)
35                c_cy = 1;
36          else
37                c_cy = 0;
38          *(b+i) = *(b+i)+0x06*c_ac;
39          *(b+i) = *(b+i)+0x60*c_cy;
40          }
41          if(cc)
42                    *(b+2) = 0x01;
43          while(1);
44 }
```

七、实验注意事项

在观察存储器内容时，注意要区分存储单元窗口。

八、实验思考题

若将内部 RAM 改用外部 RAM，应如何修改实验程序？

实验四　无符号十进制数减法实验

一、实验目的

掌握汇编语言程序设计方法。

二、实验要求

掌握双字节无符号十进制压缩 BCD 码数减法原理。

三、实验仪器与设备

（1）硬件：计算机。

（2）软件：Keil 软件 μVision3。

四、实验内容

编写并调试一段双字节无符号十进制数减法实验程序。其功能为将两个字节数压缩 BCD 码减数和被减数，分别送入由（R0）指向的内部 RAM 中，并将这两个无符号十进制数相减，结果存放于（R1）指向的内部 RAM 中。

实验流程图如图 7-12 所示。

五、实验方法与步骤

（1）断点运行程序，检查 41H、40H、51H、50H 与输入值是否正确对应。

（2）断点运行程序，检查 42H、41H、40H 的计算结果是否正确。

（3）程序连续运行，改变减数、被减数后，查看运行结果。若有错误改用单步或断点分段调试程序，排除软件错误。

六、实验参考程序

汇编语言程序：

图 7-12　实验四流程图

```
1          ORG    0000H
2          LJMP   MAIN
3          ORG    0200H
4   MAIN:
5          MOV    SP,＃60H
6          MOV    R7,＃2
7          MOV    40H,＃98H
8          MOV    41H,＃99H
9          MOV    50H,＃88H
10         MOV    51H,＃89H
11         MOV    R0,＃40H
12         MOV    R1,＃50H
13         LCALL  SUBB1
14         SJMP   $
15  SUBB1:
16         CLR    A
17         CLR    C
18  SUBB2:
19         MOV    A,＃9AH      ;(A)=100D
20         SUBB   A,@R1       ;对减数求补数
21         ADD    A,@R0       ;减数加上减数的补数
22         DA     A
23         MOV    @R0,A
24         INC    R0
25         INC    R1
26         CPL    C           ;对借位求反
```

```
27          DJNZ    R7,SUBB2
28          CLR     A
29          ADDC    A,♯0
30          MOV     @R0,A
31          RET
32          END
```

C 语言程序：

```
1  ♯ include "reg52. h"
2  ♯ define  uchar unsigned char
3  void main()
4  {
5          uchar c_ac,c_cy = 0,cc = 0,i;        // c_ac,c_cy 用于十进制调整
6          bit ac,cy;                           //暂存进位标志位
7          uchar aa;
8          uchar data * a = 0x40;
9          uchar data * b = 0x50;               //只有在 keil C 中才能这样直接给指针赋地址
10         * a = 0x98;                           //在 memory 窗口输入 d:0x40 可以查看内存里的值
11         * (a + 1) = 0x99;
12         * (a + 2) = 0x00;
13         * b = 0x88;
14         * (b + 1) = 0x89;
15         for(i = 0;i<2;i + + )
16         {
17         aa = 0x9a - * (b + i) - cc;           //带借位的减法
18         * (a + i) = aa + * (a + i);
19         ac = AC;cy = CY;                      //暂存进位标志
20 /////////十进制调整相当于汇编的 DA 指令//////
21         if(ac||( * (a + i) & 0x0f)>0x09)
22                     c_ac = 1;
23         else
24                     c_ac = 0;
25         if(cy||( * (a + i) & 0xf0)>0x90)
26                     {c_cy = 1;cc = 0;}
27         else
28                     {c_cy = 0;cc = 1;}
29         * (a + i) = * (a + i) + 0x06 * c_ac + 0x60 * c_cy;
30         if(( * (a + i) & 0x0f)>0x09)
31                     c_ac = 1;
32         else
33                     c_ac = 0;
34         if(( * (a + i) & 0xf0)>0x90)
35                     c_cy = 1;
```

```
36        else
37                        c_cy = 0;
38        * (a + i) = * (a + i) + 0x06 * c_ac;
39        * (a + i) = * (a + i) + 0x60 * c_cy;
40        }
41        if(cc)
42                        * (a + 2) = 0x01;
43        while(1);
44 }
```

七、实验思考题

若将内部 RAM 改用外部 RAM，应如何修改无符号十进制数减法实验程序？

实验五　数据传送实验

一、实验目的

掌握 STC 单片机综合实验开发板内部 RAM 和外部 RAM 的数据操作，掌握这两部分 RAM 存储器的特点与应用。

二、实验要求

熟悉 STC 单片机综合实验开发板内部 RAM 中数据的传送以及内部和外部 RAM 间数据的传送。

三、实验仪器和设备

（1）硬件：计算机。

（2）软件：Keil 软件 μVision3。

四、实验内容

编写并调试一段数据传送程序，将内部 RAM40H～4FH 的 16 个数据送到 MCS-51 的外部 RAM2000H～200FH，再将外部 RAM2000H～200FH 数据送到 MCS-51 单片机内部 RAM50H～5FH。

数据传送实验流程如图 7-13 所示。

五、实验方法和步骤

（1）断点运行程序，检查 40H～4FH 数据是否为 1～16 这 16 个数据。

（2）断点运行程序，检查外部 RAM（2000H～200FH）数据是否与 40H～4FH 数据一一对应。

（3）断点运行程序，检查 50H～5FH 数据是否与外部 RAM（2000H～200FH）数据正确对应。

（4）如果程序运行不能进入某一断点，则应单步、断点分段检查程序，排除错误直至正确为止。

六、实验参考程序

汇编语言程序：

图 7-13　数据传送实验流程图

```
1          ORG      0000H
2          LJMP     MAIN
3          ORG      0200H
4    MAIN:
5          MOV      SP, ♯60H
6  /＊查表读取 16 个数据到内部 RAM(40H～4FH)单元地址内 ＊/
7          MOV      R7, ♯10H
8          MOV      R0, ♯40H
9          MOV      DPTR, ♯TAB
10   D1:    CLR      A
11         MOVC     A, @A＋DPTR
12         MOV      @R0, A
13         INC      DPTR
14         INC      R0
15         DJNZ     R7, D1
16 /＊内部 RAM(40H～4FH)单元地址内数据传送
17 到外部 RAM (2000H～200FH)单元地址内 ＊/
18         MOV      R7, ♯10H
19         MOV      R0, ♯40H
20         MOV      DPTR, ♯2000H
21   D2:    MOV      A, @R0
22         MOVX     @DPTR, A
23         INC      R0
24         INC      DPTR
25         DJNZ     R7, D2
26 /＊外部 RAM (2000H～200FH)单元地址内数据传送
27 到内部 RAM(50H～5FH)单元地址内 ＊/
28         MOV      R7, ♯10H
29         MOV      R1, ♯50H
30         MOV      DPTR,   ♯2000H
31   D3:    MOVX     A, @DPTR
32         MOV      @R1, A
33         INC      R1
34         INC      DPTR
35         DJNZ     R7, D3
36         SJMP     $
37   TAB:
38         DB 01H, 02H, 03H, 04H, 05H, 06H, 07H, 08H
39         DB 09H, 0AH, 0BH, 0CH, 0DH, 0EH, 0FH, 0FFH
40   END
```

C 语言程序：

```
1 ♯ include <absacc. h>
```

```
2 unsigned char code tab[ ] = {0x01,0x02,0x03,0x04,0x05,0x06,0x07,0x08,
3 0x09,0x0a,0x0b,0x0c,0x0d,0x0e,0x0f};
4 main()
5 {
6      unsigned int i;
7      //查表读取 16 个数据到内部 RAM(40H～4FH)单元地址内
8      for(i = 0;i＜16;i + + )
9      DBYTE[0x40 + i] = tab[i];
10     / * 内部 RAM(40H～4FH)单元地址内数据传送到外部 RAM (2000H～200FH)单元地址内 * /
11     for(i = 0;i＜16;i + + )
12     XBYTE[0x2000 + i] = DBYTE[0x40 + i];
13     / * 外部 RAM (2000H～200FH)单元地址内数据传送到内部 RAM(50H～5FH)单元地址内 * /
14     for(i = 0;i＜16;i + + )
15     DBYTE[0x50 + i] = XBYTE[0x2000 + i];
16     while(1);
17 }
```

七、实验思考题

如何实现外部 RAM 数据到内部 RAM 数据的倒序传送？

实验六　数据排序实验

一、实验目的

熟悉 STC 单片机综合实验开发板指令系统，掌握程序设计方法。

二、实验要求

掌握数据排序的算法以及多重循环程序设计。

三、实验仪器和设备

(1) 硬件：计算机。

(2) 软件：Keil 软件 μVision3。

四、实验内容

编写并调试一段排序子程序。其功能为用冒泡法将内部 RAM 中 n 个单字节无符号二进制数按从小到大的次序重新排列，并将这一列数据从小到大依次存储在外部 RAM 的从 2000H 开始的单元中。

数据排序实验流程如图 7 - 14 所示。

五、实验方法和步骤

(1) 设置断点，检查 50H～59H 内容是否为 10 个任意排列原始数据。

(2) 设置断点，两数比较后第一个数大于第二个数则所在 RAM 位置交换，否则不变。

(3) 设置断点，检查 50H～59H 内容是否已经按从小到大次序排列。

(4) 连续运行，再复位检查外部 RAM2000H～2009H 内容是否为事先设定 10 个数据按从小到大次序排列。

(5) 程序运行如果不进入断点，则应分段检查程序，用单步或断点方式调试。

六、实验参考程序

汇编语言程序：

```
1        ORG     0000H
2        AJMP    MAIN
3        ORG     0200H
4   MAIN:
5        MOV     R7,#0AH
6        MOV     R0,#50H
7        MOV     DPTR,#TAB
8 /* 查表取数存放在内部首地址为50H的连续单元中 */
9   LOOP:   CLR    A
10       MOVC    A,@A+DPTR
11       MOV     @R0,A
12       INC     DPTR
13       INC     R0
14       DJNZ    R7,LOOP
15 /* 逐次比较法(冒泡法)排序 */
16       MOV     R0,#50H
17       MOV     R7,#09H      ;设置外循环次数
18  OUT:   MOV    A,R7
19       MOV     R6,A        ;设置内循环次数
20       PUSH    00H          ;R0 压栈保护
21       MOV     A,@R0            ;取内循环第一个数到A
22  IN:    INC    R0
23       MOV     B,@R0        ;取内循环第二个数到B
24       CJNE    A,B,$ +3     ;若不相等,则执行下一条指令
25       JC      NEXCHG       ;产生借位,则小于不交换
26       XCH     A,@R0
27  NEXCHG:
28       DJNZ    R6,IN        ;判断内循环是否结束
29       POP     00H          ;内循环结束,R0 出栈
30       MOV     @R0,A        ;存内循环最小的数
31       INC     R0
32       DJNZ    R7,OUT
33 /* 把已排序好的数传送到外部首地址为2000H连续单元中 */
34       MOV     R7,#0AH
35       MOV     R0,#50H
36       MOV     DPTR,#2000H
37  LOOP1:
38       MOV     A,@R0
39       MOVX    @DPTR,A
40       INC     R0
41       INC     DPTR
```

图 7 - 14　数据排序实验流程

```
42          DJNZ      R7,LOOP1
43          SJMP      $
44   TAB:   DB 07H,03H,05H,09H,01H,23H,29H,24H,99H,45H
45          END
```

C 语言程序：

```c
1  #include<absacc.h>
2  unsigned char code tab[] = {0x07,0x03,0x05,0x09,0x01,0x23,0x29,
3  0x24,0x99,0x45};
4  main()
5  {
6          unsigned int i,j,p;
7          unsigned char temp;
8          //查表取数存放在内部首地址为50H的连续单元中
9          for(i=0;i<10;i++)
10         DBYTE[0x50+i] = tab[i];
11         for(i=0;i<9;i++)                //比较法
12         {
13                 p = i;
14                 for(j=i+1;j<10;j++)
15                         if(DBYTE[0x50+p]>DBYTE[0x50+j])
16                                 p = j;
17                         if(i! = p)
18                 {
19                                 temp = DBYTE[0x50+i];
20                                 DBYTE[0x50+i] = DBYTE[0x50+p];
21                                 DBYTE[0x50+p] = temp;
22                 }
23         }
24 /*      for(i=0;i<9;i++)                //冒泡法
25                 for(j=0;j<9;j++)
26                         if(DBYTE[0x50+j]>DBYTE[0x50+j+1])
27                         {
28                                 temp = DBYTE[0x50+j];
29                                 DBYTE[0x50+j] = DBYTE[0x50+j+1];
30                                 DBYTE[0x50+j+1] = temp;
31                         }              */
32 //将已排好序的数传送到外部首地址为2000H连续单元中
33         for(i=0;i<10;i++)
34         XBYTE[0x2000+i] = DBYTE[0x50+i];
35         while(1);
36 }
```

七、实验思考题

（1）如何实现数据从大到小排列？

（2）除两两比较法外，能再写出一种数据排序的算法吗？

实验七　定时器实验

一、实验目的

掌握定时器 T0、T1 的方式选择和编程方法，了解中断服务程序设计方法，进一步学会实时 I/O 程序的调试技巧。

二、实验要求

熟悉定时器的工作原理、定时初值的计算以及 Keil 软件调试的方法。

三、实验仪器和设备

（1）硬件：计算机。

（2）软件：Keil 软件 μVision3。

四、实验内容

编写并调试一段程序，利用定时器 T0 产生一个周期为 2s 的方波，由 P2.0 口输出，晶振时钟频率为 12MHz。

定时器实验流程图如图 7-15 所示。

图 7-15　定时器实验流程图

（a）主程序流程图；（b）中断服务程序流程图

五、实验方法和步骤

（1）在 Debug 调试环境中，调出信号观察窗口，设置被控制口为观察对象，程序全速运行，即会在信号观察窗口出现矩形波形。

（2）观察矩形波形的周期是否与定期周期一致。

（3）若有错误，改用断点分段调试程序，排除软件错误，直至正确为止。

六、实验参考程序

汇编语言程序：

```
1    COUNTER    EQU    30H
2               ORG    0000H
3               LJMP   MAIN
4               ORG    000BH
5               LJMP   ITT0
6               ORG    0100H
7    MAIN:      MOV    TMOD, #01H
8               MOV    TH0, #3CH
9               MOV    TL0, #0B0H          ;定时 50ms
10              MOV    COUNTER, #00H
11              SETB   EA
12              SETB   ET0
13              SETB   TR0
14              SJMP   $
15   ITT0:      PUSH   PSW
16              PUSH   ACC
17              MOV    TH0, #3CH
18              MOV    TL0, #0B0H
19              INC    COUNTER
20              MOV    A, COUNTER
21              CJNE   A, #20, LOOP        ;计数 20 次,定时 1s 到?
22              CPL    P2. 0
23              MOV    COUNTER, #00H       ;计数值清零,重新计数
24   LOOP:      POP    ACC
25              POP    PSW
26              RETI
27              END
```

C 语言程序：

```
1 #include <reg52. h>
2 unsigned char counter;
3 sbit    P2_0 = P2^0;
4 main()
5 {
6         TMOD = 1;                    //设置定时器 T0 为 16 位定时器
7         TH0 = (65536 - 50000)/256;   //定时 50ms
8         TL0 = (65536 - 50000)% 256;
9         EA = 1;                      //总中断允许
10        ET0 = 1;                     //开定时器中断
```

```
11          TR0 = 1;
12          while(1);
13 }
14 void T0_ISR( ) interrupt 1
15 {
16          TR0 = 0;                    //定时器 T0 中断时间
17          TH0 = (65536 − 50000)/256;    //定时 50ms
18          TL0 = (65536 − 50000)﹪256;
19          counter + +;
20          if(20 == counter)
21          {
22                  P2_0 = ~P2_0;
23                  counter = 0;
24          }
25          TR0 = 1;
26 }
```

七、实验思考题

编写一段程序，使得被控制端口输出一个占空比为 1∶3 的矩形波。

第8章 硬 件 实 验

实验一 单片机 I/O 端口控制实验

一、实验目的
利用单片机的 P2 端口作为 I/O 端口，使学生学会利用 P2 端口作为输入和输出端口。

二、实验要求
学会使用单片机的 P2 端口作为 I/O 端口。

三、实验仪器和设备
（1）硬件：计算机，单片机综合仿真实验开发板。

（2）软件：Keil 软件 μVision3、STC 单片机烧录工具。

四、实验内容
（1）编写一段程序，用 P2 端口作为控制端口，使 LED 轮流点亮。

（2）编写一段程序，用 P2.0～P2.7 端口控制 LED，P1.4 控制端口的亮和灭，KEY1 键按下时 LED 亮，不按时 LED 灭。

五、实验方法和步骤
（1）先编写一段延时程序。

（2）将 LED 轮流点亮的程序编写完整并调试运行。

（3）原理如图 8-1 所示。

（4）编写 P1.4 控制 LED 的程序，并调试运行。

图 8-1 I/O 端口控制实验原理图

六、实验参考程序

汇编程序 1：

```
1   ORG       0000H          ;程序从 0000H 开始
2   AJMP      MAIN           ;跳转到主程序
3   ORG       0030H          ;主程序起始地址
4   MAIN:     MOV A,♯0FEH    ;将 A 赋值成 11111110
5   LOOP:     MOV P2,A       ;将 A 送到 P2 端口,发光二极管低电平点亮
6             LCALL DELAY    ;调用延时子程序
7             RL A           ;累加器 A 循环左移一位
8             AJMP LOOP      ;重新送 P2 显示
9   DELAY:    MOV R3,♯20     ;最外层循环 20 次
10  D1:       MOV R4,♯80     ;次外层循环 80 次
11  D2:       MOV R5,♯250    ;最内层循环 250 次
12            DJNZ R5,$      ;总共延时 2μs * 250 * 80 * 20 = 0.8s
13            DJNZ R4,D2
14            DJNZ R3,D1
15            RET
16  END
```

C 语言程序 1：

```
1  # include <reg51.h>
2  main()
3  {
4        unsigned char i,k,temp;
5        temp = 0xfe;
6        while(1)
7        {
8        P2 = temp;
9        if(temp == 0xff)
10               temp = (temp<<1);
11       else
12               temp = (temp<<1) + 1;
13       for(i = 0;i<200;i ++ )
14               for(k = 0;k<100;k ++ );
15       }
16 }
```

汇编程序 2：

```
1   ORG       0000H          ;程序从 0000H 开始
2   LJMP      MAIN           ;跳转到主程序
3   ORG       0100H          ;主程序起始地址
4   MAIN:     JB P1.4,SETLED
5   CLRLED:
```

```
 6   CLR     P2.0
 7   CLR     P2.1
 8   CLR     P2.2
 9   CLR     P2.3
10   CLR     P2.4
11   CLR     P2.5
12   CLR     P2.6
13   CLR     P2.7
14   SJMP    MAIN
15   SETLED:
16   SETB    P2.0
17   SETB    P2.1
18   SETB    P2.2
19   SETB    P2.3
20   SETB    P2.4
21   SETB    P2.5
22   SETB    P2.6
23   SETB    P2.7
24   SJMP    MAIN
25   END
```

C 语言程序 2：

```
 1 # include <reg51.h>
 2 sbit P2_0 = P2^0;
 3 sbit P2_1 = P2^1;
 4 sbit P2_2 = P2^2;
 5 sbit P2_3 = P2^3;
 6 sbit P2_4 = P2^4;
 7 sbit P2_5 = P2^5;
 8 sbit P2_6 = P2^6;
 9 sbit P2_7 = P2^7;
10 sbit P1_4 = P1^4;
11 main()
12 {
13      while(1)
14      {
15              if(P1_4)
16              {
17                      P2_0 = 1;
18                      P2_1 = 1;
19                      P2_2 = 1;
20                      P2_3 = 1;
21                      P2_4 = 1;
```

```
22              P2_5 = 1;
23              P2_6 = 1;
24              P2_7 = 1;
25          }
26          else
27          {
28              P2_0 = 0;
29              P2_1 = 0;
30              P2_2 = 0;
31              P2_3 = 0;
32              P2_4 = 0;
33              P2_5 = 0;
34              P2_6 = 0;
35              P2_7 = 0;
36          }
37      }
38 }
```

七、实验思考题

（1）实现以上功能的编程方法有几种？

（2）第二个程序中如果使用 KEY1 作为外部中断控制 LED 的亮和灭，程序应如何修改？

实验二　蜂鸣器驱动实验

一、实验目的

利用单片机的 I/O 端口控制蜂鸣器。

二、实验要求

学会使用单片机的 P2 端口作 I/O 端口。

三、实验设备及器件

（1）硬件：计算机，单片机综合仿真实验开发板。

（2）软件：Keil 软件 μVision3、STC 单片机烧录工具。

四、实验内容

编写一段程序，用按键控制 P2.7 端口，使蜂鸣器发出嘹亮的响声。蜂鸣器驱动实验原理如图 8-2 所示。

五、实验方法和步骤

（1）打开 Keil3 软件，新建一个工程。新建一个 c 文件，将 c 文件添加到新建的工程中。

（2）在 c 文件中编写程序，单片机 P1.4 端口采集按键信息，P2.7 端口控制蜂鸣器发出响声。当按键按下，蜂鸣器发出嘹亮的响声，按键松开，蜂鸣器停止发声。

（3）编译程序，生成 .HEX 文件。打开 STC_ISP_V488 烧录软件，在 MCU Type 选项里选择 STC12C5A32S2，点击"打开程序文件"，加载 hex 文件。点击"DownLoad/下

图 8-2 蜂鸣器驱动实验原理图

载"，按下单片机实验开发板的电源开关，等待程序下载完成。

（4）用跳帽或杜邦线将 JP6 的 1 脚和 2 脚连接，按下 JP6 按钮，观察实验现象。

六、实验参考程序

汇编程序：

```
1          ORG     0000H       ;程序从 0000H 开始
2          LJMP    MAIN        ;跳转到主程序
3          ORG     0100H       ;主程序起始地址
4   MAIN:  JB P1.4,SETHORN
5          CLRHORN:
6          CLR  P2.7
7          SJMP MAIN
8          SETHORN:
9          SETB P2.7
10         SJMP MAIN
11  END
```

C 语言程序：

```c
1 #include<reg52.h>
2 sbit fengming = P2^7;
3 sbit key1 = P1^4;
4 void main()
5 {
6   fengming = 0;
7   while(1)
8   {
9       if(key1 == 0)
10              fengming = 1;
11      else
12              fengming = 0;
```

```
13     }
14  }
```

七、实验思考题
如何通过程序来实现蜂鸣器不连续鸣响？

实验三　数码管显示实验

一、实验目的
（1）通过实验学习使用单片机的I/O端口控制外围设备的方法。

（2）了解数码管的显示控制原理及编程方法。

图8-3　四位数码管
显示实验流程图

二、实验要求
掌握7289BS芯片LED控制的各种功能。

三、实验仪器和设备
（1）硬件：计算机，单片机综合仿真实验开发板，3根杜邦线。

（2）软件：Keil软件μVision3，STC单片机烧录工具。

四、实验内容
（1）利用单片机的I/O端口，控制数码管显示输出数字1234，熟悉实验原理，做出实验结果。

（2）利用单片机的I/O端口，通过按键实现数字加减1，熟悉实验原理，做出实验结果。

四位数码管显示实验流程图如图8-3所示。

五、实验步骤
（1）打开Keil3软件，新建一个工程。新建一个c文件，将c文件添加到新建的工程中。

（2）在c文件中编写程序，利用单片机的I/O端口，控制数码管显示输出数字1234。

（3）编译程序，生成hex文件。打开STC_ISP_V488烧录软件，在MCU Type选项里选择STC12C5A32S2，点击"打开程序文件"，加载hex文件。点击"DownLoad/下载"，按下单片机实验板的电源开关，等待程序下载完成。

（4）将7289BS芯片的CS、CLK、DAT通过J8单排和杜邦线分别连接到单片机的P0.0、P0.1、P0.2，观察实验现象。

六、实验预习要求
四位数码管模块电路原理图如图8-4所示。7289BS芯片的SA、SB、SC、SD、SE、SF、SG分别连接数码管的a、b、c、d、e、f、g、h，四位数码管的1～4引脚分别与7289BS的DIG0～DIG3引脚相连接，7289BS芯片的CS、CLK、DATA引脚外接一个3引脚的单排插针。7289BS芯片的26、27引脚连接12MHz晶振。

七、实验参考程序
C语言程序1：

```
1  # include "reg52.h"
```

图 8 - 4　四位数码管模块电路原理图

```
 2  #define   DECODE1 0xc8         //下载数据按方式 1 译码,地址位从第一位开始
 3    sbit      H7279_CS = P0^0;  /* 实时时钟时钟线引脚 */
 4    sbit      H7279_CLK = P0^1; / * 实时时钟数据线引脚 */
 5    sbit      H7279_DAT = P0^2; / * 实时时钟复位线引脚 */
 6  #define port P0
 7 /******************************************************************/
 8 // 函数名称: short_delay ()
 9 // 函数功能: 短软件延时
10// 入口参数: dly1 延时参数,值越大,延时越久
11// 出口参数: 无
12 /******************************************************************/
13 void   short_delay (int   dly1)
14 {
15        int   j;
16        for(; dly1>0; dly1 - - )
17            for(j = 0; j<10; j + + );
18 }
19 /******************************************************************/
20 //函数名称: Send_byte ()
21 // 函数功能: 向总线发送数据
22 // 入口参数: out_byte     待发送的数据
23 // 出口参数:
24 /******************************************************************/
25 void   Send _byte (int out_byte)
```

```
26 {
27      int i;
28      short_delay (20);
29      for(i = 0; i < 8; i + + )
30      {
31          if (out_byte & 0x80)
32                              H7279_DAT = 1;
33          else
34                              H7279_DAT = 0;
35              H7279_CLK = 1;
36      short_delay (4);
37              H7279_CLK = 0;
38      short_delay (4);
39      out_byte = out_byte * 2;
40      }
41      H7279_DAT = 0;
42 }
43 / ******************************************************************** /
44 * * 函数名称: write_7279 ()
45 * * 函数功能: 向 HD7279 写数据
46 * * 入口参数: cmd:命令;dat:数据
47 * * 出口参数:
48 / ******************************************************************** /
49 void   write_h7279(int cmd, int dat)
50 {
51 H7279_CS = 0;
52      Send_byte (cmd);
53      Send_byte (dat);
54          H7279_CS = 1;
55 }
56 / * ------------------------------------------- * /
57 / * 形式参数:void              * /
58 / * 返回值:void * /
59 / * 函数描述:主函数 * /
60 / * ------------------------------------------- * /
61 void main(void)
62 {
63      port = 0xff;
64      while(1)
65      {
66              write_h7279(DECODE1 + 3, 4);
67              write_h7279(DECODE1 + 2, 3);
68              write_h7279(DECODE1 + 1, 2);
```

```
69                    write_h7279(DECODE1 + 0,1);
70      }
71 }
```

C 语言程序 2：

```
 1 #include <reg52.h>
 2 #define   DECODE1 0xc8
 3 #define port P0
 4 #define uchar unsigned char
 5 sbit   H7279_CS = P0^0;
 6 sbit   H7279_CLK = P0^1;
 7 sbit   H7279_DAT = P0^2;
 8 sbit   key1 = P1^4;
 9 sbit   key2 = P1^5;
10 uchar code table[] = {
11 0x00,0x01,0x02,0x03,0x04,0x05,
12 0x06,0x07,0x08,0x09,0x0A,0x0B,
13 0x0C,0x0D,0x0E,0x0F};
14 void short_delay(int);
15 void display(uchar,uchar);
16 void keyscan();
17 int num,cmd,dat,dly1;
18 uchar shi,ge;
19 void   short_delay (int   dly1)
20 {
21       int   j;
22       for(; dly1>0; dly1--)
23           for(j=0; j<10; j++);
24 }
25 void   Send_byte (int out_byte)
26 {
27       int i;
28       short_delay (20);
29       for (i=0;i<8;i++)
30       {
31           if (out_byte & 0x80)
32                           H7279_DAT=1;
33           else
34                           H7279_DAT=0;
35                   H7279_CLK=1;
36           short_delay (4);
37                   H7279_CLK=0;
38       short_delay (4);
```

```
39              out_byte = out_byte * 2;
40        }
41        H7279_DAT = 0;
42 }
43 void   write_h7279(int cmd, int dat)
44 {
45        H7279_CS = 0;
46        Send_byte (cmd);
47        Send_byte (dat);
48             H7279_CS = 1;
49 }
50 void keyscan()
51 {
52        if(key1 == 0)
53          {
54              short_delay(10);
55            if(key1 == 0)
56            {
57              num ++ ;
58                if(num == 60)
59                     num = 0;
60                        while(!key1);
61            }
62          }
63        if(key2 == 0)
64          {
65              short_delay(10);
66            if(key2 == 0)
67            {
68            if(num == 0)
69                     num = 60;
70                num - - ;
71                while(!key2);
72              }
73          }
74              shi = num/10;
75              ge = num% 10;
76 }
77  void main()
78 {
79   port = 0xff;
80   while(1)
81    {
```

```
82    keyscan();
83        write_h7279(DECODE1 + 2,table[shi]);
84    write_h7279(DECODE1 + 3,table[ge]);
85    }
86 }
```

八、实验思考题

如何通过程序控制数码器显示数字 3001？

实验四　液晶屏显示实验

一、实验目的

了解液晶屏（LCD）模块的控制方法，实现简单字符显示。

二、实验要求

掌握控制液晶上显示的理论知识，并能够编写相关操作函数。

三、实验仪器和设备

（1）硬件：计算机，单片机综合仿真实验开发板。

（2）软件：Keil 软件 μVision3，STC 单片机烧录工具。

四、实验内容

（1）控制液晶屏模块，使其显示两行字符。

（2）使显示模块显示自己的姓名，并逐渐弹出，最后清屏再显示。

液晶屏显示实验流程图如图 8-5 所示。

图 8-5　液晶屏显示实验流程图

五、实验步骤

（1）打开 Keil3 软件，新建一个工程。新建一个 c 文件，将 c 文件添加到新建的工程中。

（2）在 c 文件中编写程序，单片机向 LCD1602 写入两行字符串。

（3）编译程序，生成 hex 文件。打开 STC_ISP_V488 烧录软件，在 MCU Type 选项里选择 STC12C5A32S2，点击"打开程序文件"，加载 hex 文件。点击"DownLoad/下载"，按下单片机实验板的电源开关，等待程序下载完成。

（4）观察实验现象。

六、实验预习要求

本开发板中，液晶屏显示模块电路原理图如图 8-6 所示。单片机引脚 P1.0 连接 LCD1602 的 RS 端用于指令和数据的选择控制端，单片机引脚 P1.1 接 LCD1602 的 RW 读写信号控制端，单片机引脚 P3.2 接液晶的使能端 EN，单片机引脚 P0.0～P0.7 分别连接 LCD1602 的 D0～D7 数据线。

七、实验参考程序

C 语言程序 1：

```
1 #include<reg52.h>
```

图 8-6　液晶屏显示模块电路原理图

```
2  #define uchar unsigned char
3  #define uint unsigned int
4  sbit lcden = P3^2;                    //使能端
5  sbit lcdrs = P1^0;                    //数据命令选择端
6  sbit rw = P1^1;
7  uchar code table[] = "xian shi 1";    //输入的字符
8  uchar code table1[] = "xian shi 2";   //输入的字符
9  uchar num = 0;
10 void delay(uint z)
11 {
12        uint x, y;
13        for(x = z; x>0; x- -)
14        for(y = 110; y>0; y- -);
15 }
16 void write_com(uchar com)             //根据写时序图写出指令程序
17 {
18        lcdrs = 0;
19        rw = 0;
20        P0 = com;
21        delay(5);
22        lcden = 1;
23        delay(5);
24        lcden = 0;
25 }
26 void write_data(uchar date)           //根据写时序图写出数据程序
27 {
28        lcdrs = 1;
29        rw = 0;
30        P0 = date;
31        delay(5);
32        lcden = 1;
33        delay(5);
```

```
34          lcden = 0;
35     }
36 void init()
37     {
38          lcden = 0;                        //使能端为低电平
39          write_com(0x38);
40          /* 显示模式设置   00111000  设置 16 * 2 显示  5 * 7 点阵  8 位数据端口 */
41          write_com(0x0f);
42          /* 显示开关及光标设置    00001DCB
43          D = 1,开显示      D = 0, 关显示
44          C = 1,显示光标    C = 0,不显示光标
45          B = 1,光标闪烁    B = 0,光标不闪烁 */
46          write_com(0x06);//地址指针自动加 1 且光标加 1,写字符屏幕不会移动
47          write_com(0X01);
48 }
49 void main()
50 {
51          init();
52          write_com(0X80);
53          for(num = 0;num<10;num + + )      //输入的字符数量,修改
54          {
55                  write_data(table[num]);
56                  delay(50);
57          }
58          write_com(0X80 + 0x40);
59          for(num = 0;num<10;num + + )      //输入的字符数量,修改
60          {
61                  write_data(table1[num]);
62                  delay(50);
63          }
64          while(1);
65 }
```

C 语言程序 2：

```
1 # include<reg52. h>
2 # define uchar unsigned char
3 # define uint unsigned int
4 sbit   lcden = P3^2;                       //使能端
5 sbit   lcdrs = P1^0;                       //数据命令选择端
6 sbit   rw = P1^1;
7 uchar code table[ ] = " AHPU 3001 ";       //输入的字符
8 uchar code table1[ ] = " XING MING ";      //输入的字符
9 uchar num = 0;
```

```
10 void delay(uint z)
11 {
12          uint x, y;
13          for(x = z; x > 0; x - -)
14          for(y = 110; y > 0; y - -);
15 }
16 void write_com(uchar com)     //根据写时序图写出指令程序
17 {
18          lcdrs = 0;
19          rw = 0;
20          P0 = com;
21          delay(5);
22          lcden = 1;
23          delay(5);
24          lcden = 0;
25 }
26 void write_data(uchar date)   //根据写时序图写出数据程序
27 {
28          lcdrs = 1;
29          rw = 0;
30          P0 = date;
31          delay(5);
32          lcden = 1;
33          delay(5);
34          lcden = 0;
35 }
36 void init()
37 {
38          lcden = 0;              //使能端为低电平
39          write_com(0x38);
40          /*显示模式设置  00111000  设置16*2显示  5*7点阵  8位数据端口*/
41          write_com(0x0f);
42          /*显示开关及光标设置    00001DCB
43          D = 1,开显示      D = 0,关显示
44          C = 1,显示光标    C = 0,不显示光标
45          B = 1,光标闪烁    B = 0,光标不闪烁*/
46          write_com(0x06);       //地址指针自动加1且光标加1,写字符屏幕不会移动
47          write_com(0X01);
48 }
49 void main()
50 {
51          init();
52          write_com(0X80);
```

```
53        while(1)
54        {
55        for(num = 0;num<10;num + + )        //输入的字符数量,修改
56        {
57                write_data(table[num]);
58                delay(2000);
59        }
60        write_com(0X80 + 0x40);
61        for(num = 0;num<10;num + + )        //输入的字符数量,修改
62        {
63                write_data(table1[num]);
64                delay(2000);
65        }
66         write_com(0x01) ;                  //清除 LCD 的显示内容
67         }
68 }
```

八、实验思考题

如何通过程序使显示模块显示自己的出生年月日,最后清屏再显示?

实验五　电子万年历显示实验

一、实验目的

了解 DS1302 时钟芯片的工作原理,将年、月、日、星期、时间显示在 LCD 屏上并能通过键盘电路控制。

二、实验要求

掌握专用时钟芯片 DS1302,并会用 DS1302 芯片开发时钟模块,控制字符/图形液晶上显示的理论知识,并能够编写相关操作函数。

三、实验设备及器件

(1) 硬件:计算机,单片机综合仿真实验开发板。

(2) 软件:Keil 软件 μVision3,STC 单片机烧录工具。

四、实验内容

安装好 LCD1602 显示屏,编写一段程序,利用时钟芯片 DS1302 读取时间。时间设定显示实验流程图如图 8-7 所示。

五、实验方法和步骤

(1) 打开 Keil3 软件,新建一个工程。新建一个 c 文件,将 c 文件添加到新建的工程中。

(2) 在 c 文件中编写程序,读取 DS1302 的值并显

图 8-7　时间设定显示实验流程图

示在 LCD1602 上。

（3）编译程序，生成 hex 文件。打开 STC_ISP_V488 烧录软件，在 MCU Type 选项里选择 STC12C5A32S2，点击"打开程序文件"，加载 hex 文件。点击"DownLoad/下载"，按下单片机实验开发板的电源开关，等待程序下载完成。

（4）将 DS1302 的 SCLK、I/O、RST 通过 J5 单排插针和杜邦线分别连接到单片机的 P2.2、P2.1、P2.0，观察实验现象。

六、实验预习要求

时钟模块电路原理图如图 8-8 所示。DS1302 的时钟端 SCLK、数据端 I/O、复位端 RST 外接一个 3 脚的单排插针。DS1302 的 2、3 引脚连接 32.768kHz 晶振。

图 8-8　时钟模块电路原理图

七、实验参考程序

```
1 #include<reg52.h>
2 #include<intrins.h>
3 #define uchar unsigned char
4 #define uint unsigned int
5 #define   LCDIO P0
6 sbit DQ = P3^3;              //ds18b20 与单片机连接口
7 sbit rs = P1^0;
8 sbit rd = P1^1;
9 sbit lcden = P3^2;
10 uchar second,minute,hour,day,month,year,week,count = 0;
11 uchar ReadValue,num;
12 uint tvalue;             //温度值
13 uchar tflag;
14 uchar code table[] = {" 2010 - 11 - 29 MON"};
15 uchar code table1[] = {" 15:45:00 000.0C"};
16 uchar code table2[] = "THUFRISATSUNMONTUEWES";
17 uchar data disdata[5];
18 sbit DATA = P2^1;         //时钟数据接口
19 sbit RST = P2^0;
```

```
20 sbit SCLK = P2^2;
21 sbit menu = P1^5;              //菜单
22 sbit add = P1^6;               //加一
23 sbit dec = P1^7;               //减一
24 void delay(uint z)
25 {
26        uint x, y;
27        for(x = z;x>0;x--)
28        for(y = 110;y>0;y--);
29 }
30 void delay1(uint z)
31 {
32            for(;z>0;z--);
33 }
34 void write_com(uchar com)
35 {
36        rs = 0;
37        rd = 0;
38        lcden = 0;
39        P0 = com;
40        delay(20);
41        lcden = 1;
42        delay(10);
43        lcden = 0;
44 }
45 void write_date(uchar date)
46 {
47        rs = 1;
48        rd = 0;
49        lcden = 0;
50        P0 = date;
51        delay(20);
52        lcden = 1;
53        delay(10);
54        lcden = 0;
55 }
56 void init()
57 {
58        uchar num;
59        lcden = 0;
60        write_com(0x38);
61        write_com(0x0c);
62        write_com(0x06);
```

```
63          write_com(0x01);
64          delay(5);
65          write_com(0x80);
66          for(num = 0;num<15;num + +)
67             {
68                      write_date(table[num]);
69                      delay(5);
70              }
71          write_com(0x80 + 0x40);
72          for(num = 0;num<16;num + +)
73          {
74                  write_date(table1[num]);
75                  delay(5);
76          }
77 }
78 void Write1302(uchar dat)
79 {
80          uchar i;
81          SCLK = 0;                //拉低 SCLK,为脉冲上升沿写入数据做好准备
82          delay1(2);               //稍微等待,使硬件做好准备
83          for(i = 0;i<8;i + +)      //连续写 8 个二进制数
84             {
85                  DATA = dat&0x01; //取出 dat 的第 0 位数据写入 DS1302
86                  delay1(2);       //稍微等待,使硬件做好准备
87                  SCLK = 1;        //上升沿写入数据
88                  delay1(2);       //稍微等待,使硬件做好准备
89                  SCLK = 0;        //重新拉低 SCLK,形成脉冲
90                  dat>> = 1;       //将 dat 的各数据位右移 1 位,准备写入下一个数据位
91              }
92 }
93   void WriteSet1302(uchar Cmd,uchar dat)
94 {
95          RST = 0;                 //禁止数据传递
96          SCLK = 0;                //确保写数据前 SCLK 被拉低
97          RST = 1;                 //启动数据传输
98          delay1(2);               //稍微等待,使硬件做好准备
99          Write1302(Cmd);          //写入命令字
100         Write1302(dat);          //写数据
101         SCLK = 1;                //将时钟电平置于已知状态
102         RST = 0;                 //禁止数据传递
103 }
104 uchar Read1302(void)
105 {
```

```
106        uchar i,dat;
107        delay(2);                    //稍微等待,使硬件做好准备
108        for(i=0;i<8;i++)             //连续读8个二进制位数据
109        {
110            dat>>=1;                 //将dat的各数据位右移1位,因为先读出的是字节的最低位
111            if(DATA==1)              //如果读出的数据是1
112            dat|=0x80;               //将1取出,写在dat的最高位
113            SCLK=1;                  //将SCLK置于高电平,为下降沿读出
114            delay1(2);               //稍微等待
115            SCLK=0;                  //拉低SCLK,形成脉冲下降沿
116            delay1(2);               //稍微等待
117        }
118            return dat;              //将读出的数据返回
119 }
120 uchar   ReadSet1302(uchar Cmd)
121 {
122        uchar dat;
123        RST=0;                       //拉低RST
124        SCLK=0;                      //确保写数据前SCLK被拉低
125        RST=1;                       //启动数据传输
126        Write1302(Cmd);              //写入命令字
127        dat=Read1302();              //读出数据
128        SCLK=1;                      //将时钟电平置于已知状态
129        RST=0;                       //禁止数据传递
130        return dat;                  //将读出的数据返回
131 }
132 void Init_DS1302(void)
133 {
134    WriteSet1302(0x8E,0x00);    /*根据写状态寄存器命令字,写入不保护指令*/
135    WriteSet1302(0x80,((0/10)<<4|(0%10)));    /*根据写秒寄存器命令字,写入秒的初始
                                                     值*/
136    WriteSet1302(0x82,((45/10)<<4|(45%10)));  /*根据写分寄存器命令字,写入分的初始
                                                     值*/
137    WriteSet1302(0x84,((15/10)<<4|(15%10)));  /*根据写小时寄存器命令字,写入小时的初
                                                     始值*/
138    WriteSet1302(0x86,((29/10)<<4|(29%10)));  /*根据写日寄存器命令字,写入日的初始
                                                     值*/
139    WriteSet1302(0x88,((11/10)<<4|(11%10)));  /*根据写月寄存器命令字,写入月的初始
                                                     值*/
140        WriteSet1302(0x8c,((10/10)<<4|(10%10)));   //年
141        WriteSet1302(0x8a,((4/10)<<4|(4%10)));
142 }
143 void DisplaySecond(uchar x)
```

```
144 {
145         uchar i, j;
146         i = x/10;
147         j = x % 10;
148         write_com(0xc7);
149         write_date(0x30 + i);
150         write_date(0x30 + j);
151 }
152 void DisplayMinute(uchar x)
153 {
154         uchar i, j;
155         i = x/10;
156         j = x % 10;
157         write_com(0xc4);
158         write_date(0x30 + i);
159         write_date(0x30 + j);
160 }
161   void DisplayHour(uchar x)
162 {
163         uchar i, j;
164         i = x/10;
165         j = x % 10;
166         write_com(0xc1);
167         write_date(0x30 + i);
168         write_date(0x30 + j);
169 }
170 void DisplayDay(uchar x)
171 {
172         uchar i, j;
173         i = x/10;
174         j = x % 10;
175         write_com(0x89);
176         write_date(0x30 + i);
177         write_date(0x30 + j);
178 }
179 void DisplayMonth(uchar x)
180 {
181         uchar i, j;
182         i = x/10;
183         j = x % 10;
184         write_com(0x86);
185         write_date(0x30 + i);
186         write_date(0x30 + j);
```

```
187 }
188 void DisplayYear(uchar x)
189 {
190         uchar i, j;
191         i = x/10;
192         j = x % 10;
193         write_com(0x83);
194         write_date(0x30 + i);
195         write_date(0x30 + j);
196 }
197 void DisplayWeek(uchar x)
198 {
199         uchar i;
200         x = x * 3;
201         write_com(0x8c);
202         for(i = 0; i<3; i + +)
203         {
204                 write_date(table2[x]);
205                 x + +;
206         }
207 }
208 void   read_date(void)
209 {
210         ReadValue = ReadSet1302(0x81);
211         second = ((ReadValue&0x70)>>4) * 10 + (ReadValue&0x0F);
212         ReadValue = ReadSet1302(0x83);
213         minute = ((ReadValue&0x70)>>4) * 10 + (ReadValue&0x0F);
214         ReadValue = ReadSet1302(0x85);
215         hour = ((ReadValue&0x70)>>4) * 10 + (ReadValue&0x0F);
216         ReadValue = ReadSet1302(0x87);
217         day = ((ReadValue&0x70)>>4) * 10 + (ReadValue&0x0F);
218         ReadValue = ReadSet1302(0x89);
219         month = ((ReadValue&0x70)>>4) * 10 + (ReadValue&0x0F);
220         ReadValue = ReadSet1302(0x8d);
221         year = ((ReadValue&0x70)>>4) * 10 + (ReadValue&0x0F);
222         ReadValue = ReadSet1302(0x8b);                    //读星期
223         week = ReadValue&0x07;
224         DisplaySecond(second);
225         DisplayMinute(minute);
226         DisplayHour(hour);
227         DisplayDay(day);
228         DisplayMonth(month);
229         DisplayYear(year);
```

```
230        DisplayWeek(week);
231 }
232 void turn_val(char newval,uchar flag,uchar  newaddr,uchar s1num)
233 {
234        newval = ReadSet1302(newaddr);                        //读取当前时间
235        newval = ((newval&0x70)>>4) * 10 + (newval&0x0f);    //将 BCD 码转换成十进制
236        if(flag)                                             //判断是加一还是减一
237          {
238          newval + + ;
239          switch(s1num)
240            {
241                  case 1: if(newval>99) newval = 0;
242                                        DisplayYear(newval);
243                                        break;
244                  case 2: if(newval>12) newval = 1;
245                                        DisplayMonth(newval);
246                                        break;
247                  case 3: if(newval>31) newval = 1;
248                                        DisplayDay(newval);
249                                        break;
250                  case 4: if(newval>6) newval = 0;
251                                        DisplayWeek(newval);
252                                        break;
253                  case 5: if(newval>23) newval = 0;
254                                        DisplayHour(newval);
255                                        break;
256                  case 6: if(newval>59) newval = 0;
257                                        DisplayMinute(newval);
258                                        break;
259                  case 7: if(newval>59) newval = 0;
260                                        DisplaySecond(newval);
261                                        break;
262             default:break;
263          }
264          }
265        else
266        {
267          newval - - ;
268          switch(s1num)
269          {
270          case 1: if(newval == 0) newval = 99;
271                                  DisplayYear(newval);
272                                  break;
```

```
273            case 2: if(newval == 0) newval = 12;
274                            DisplayMonth(newval);
275                            break;
276            case 3: if(newval == 0) newval = 31;
277                            DisplayDay(newval);
278                            break;
279            case 4: if(newval<0) newval = 6;
280                            DisplayWeek(newval);
281                            break;
282            case 5: if(newval<0) newval = 23;
283                            DisplayHour(newval);
284                            break;
285            case 6: if(newval<0) newval = 59;
286                            DisplayMinute(newval);
287                            break;
288            case 7: if(newval<0) newval = 59;
289                            DisplaySecond(newval);
290                            break;
291            default:break;
292                }
293        }
294 WriteSet1302((newaddr - 1),((newval/10)<<4)|(newval % 10)); /* 将新数据写入寄存器 */
295   }
296 //键盘扫描程序
297 /********************************************/
298 void key_scan(void)
299 {
300      uchar miao,s1num = 0;
301      if(menu == 0)
302   {
303      delay(5);
304          if(menu == 0)
305          {
306                while(!menu);
307                s1num + +;
308                while(1)
309                {
310                        if(menu == 0)
311                  {
312                        delay(5);
313                            if(menu == 0)
314                              {
315                                while(!menu);
```

```
316                          s1num + + ;
317                      }
318                  }
319          rd = 0;
320          miao = ReadSet1302(0x81);
321          second = miao;
322          WriteSet1302(0x80,miao|0x80);
323          write_com(0x0f);//光标闪射
324            if(s1num == 1)
325                {
326                    year = ReadSet1302(0x8d);
327                    write_com(0x80 + 4);        //年光标
328                    if(add == 0)
329                  {
330                        delay(3);
331                        if(add == 0)
332                      {
333                            while(!add);
334                            turn_val(year,1,0x8d,1);
335                  }
336                  }
337              if(dec == 0)
338                  {
339                        delay(3);
340                        if(dec == 0)
341                  {
342                        while(!dec);
343                        turn_val(year,0,0x8d,1);
344                  }
345                  }
346              }
347          if(s1num == 2)
348              {
349                  month = ReadSet1302(0x89);
350                  write_com(0x80 + 7);        //月光标
351                  if(add == 0)
352                  {
353                      delay(3);
354                      if(add == 0)
355                      {
356                          while(!add);
357                          turn_val(month,1,0x89,2);
358                      }
```

```
359                         }
360                         if(dec == 0)
361                         {
362                                 delay(3);
363                                 if(dec == 0)
364                                 {
365                                         while(!dec);
366                                     turn_val(month,0,0x89,2);
367                                 }
368                         }
369                 }
370                 if(s1num == 3)
371                 {
372                     day = ReadSet1302(0x87);
373                     write_com(0x80 + 10);//日光标
374                     if(add == 0)
375                     {
376                         delay(3);
377                         if(add == 0)
378                         {
379                             while(!add);
380                             turn_val(day,1,0x87,3);
381                         }
382                     }
383                     if(dec == 0)
384                     {
385                         delay(3);
386                         if(dec == 0)
387                         {
388                             while(!dec);
389                             turn_val(day,0,0x87,3);
390                         }
391                     }
392                 }
393                 if(s1num == 4)
394                 {
395                     week = ReadSet1302(0x8b);
396                     write_com(0x80 + 14);        //星期光标
397                     if(add == 0)
398                     {
399                         delay(3);
400                         if(add == 0)
401                         {
```

```
402                                    while(!add);
403                                    turn_val(week,1,0x8b,4);
404                                    }
405                                }
406                            if(dec == 0)
407                              {
408                                    delay(3);
409                                    if(dec == 0)
410                                    {
411                                      while(!dec);
412                                      turn_val(week,0,0x8b,4);
413                                    }
414                              }
415                        }
416                    if(s1num == 5)
417                    {
418                            hour = ReadSet1302(0x85);
419                            write_com(0x80 + 0x40 + 2); //时光标
420                            if(add == 0)
421                    {
422                        delay(3);
423                        if(add == 0)
424                        {
425                            while(!add);
426                            turn_val(hour,1,0x85,5);
427                          }
428                    }
429                            if(dec == 0)
430                            {
431                                delay(3);
432                                if(dec == 0)
433                            {
434                                while(!dec);
435                                turn_val(hour,0,0x85,5);
436                            }
437                        }
438                    }
439                if(s1num == 6)//调时间：分
440                  {
441                        minute = ReadSet1302(0x83);
442                        write_com(0x80 + 0x40 + 5);
443                        if(add == 0)
444                        {
```

```
445                                         delay(5);
446                                         if(add == 0)
447                                        {
448                                            while(!add);
449                                            turn_val(minute,1,0x83,6);
450                                        }
451                                   }
452                              if(dec == 0)
453                                 {
454                                     delay(3);
455                                     if(dec == 0)
456                                    {
457                                        while(!dec);
458                                        turn_val(minute,0,0x83,6);
459                                    }
460                                 }
461                           }
462                      if(s1num == 7)//调时间:秒
463                         {
464                             second = ReadSet1302(0x81);
465                             write_com(0x80 + 0x40 + 8);//秒光标
466                             if(add == 0)
467                            {
468                                delay(3);
469                                if(add == 0)
470                               {
471                                   while(!add);
472                                   if(second == 0x60)
473                                   second = 0x00;
474                                   turn_val(second,1,0x81,7);
475                               }
476                            }
477                             if(dec == 0)
478                            {
479                                delay(3);
480                                if(dec == 0)
481                               {
482                                   while(!dec);
483                                   turn_val(second,0,0x81,7);
484                               }
485                            }
486                         }
487                      if(s1num == 8)
```

```
488                          {
489                                  miao = ReadSet1302(0x81);
490                                  second = miao;
491                                  WriteSet1302(0x80, second&0x7f);
492                                  s1num = 0;//s1num 清零//
493                                  write_com(0x0c);//光标不闪烁//
494                                  break;
495                          }
496                      }
497                  }
498          }
499 }
500 void delay_18B20(unsigned int i)//延时 1μs
501 {
502          while(i − −);
503 }
504 void Init_DS18B20(void)
505 {
506      unsigned char x = 0;
507      DQ = 1;                          //DQ 复位
508      delay_18B20(80);                 //稍做延时
509      DQ = 0;                          //单片机将 DQ 拉低
510      delay_18B20(800);                //精确延时 大于 480μs
511      DQ = 1;                          //拉高总线
512      delay_18B20(140);
513      x = DQ;
514      delay_18B20(200);
515 }
516 uchar ds1820rd()     /* 读数据 */
517 {
518      uchar i = 0;
519      uchar dat = 0;
520      for (i = 8; i>0; i − −)
521      {
522              DQ = 0;                  // 给脉冲信号
523              dat>> = 1;
524              DQ = 1;                  // 给脉冲信号
525              if(DQ)
526              dat| = 0x80;
527              delay_18B20(40);         //40
528      }
529      return(dat);
530 }
```

```
531 void ds1820wr(uchar wdata) /* 写数据 */
532 {
533        unsigned char i = 0;
534        for (i = 8; i>0; i− −)
535        {
536               DQ = 0;
537               DQ = wdata&0x01;
538               delay_18B20(50); //50
539               DQ = 1;
540               wdata>> = 1;
541        }
542 }
543 read_temp() /* 读取温度值并转换 */
544 {
545        uchar a, b;
546        Init_DS18B20();
547        ds1820wr(0xcc);                    //* 跳过读序列号 */
548        ds1820wr(0x44);                    //* 启动温度转换 */
549        delay_18B20(1000);
550        Init_DS18B20();
551        ds1820wr(0xcc);                    //* 跳过读序列号 */
552        ds1820wr(0xbe);                    //* 读取温度 */
553        delay_18B20(1000);
554        a = ds1820rd();
555        b = ds1820rd();
556        tvalue = b;
557        tvalue<< = 8;
558        tvalue = tvalue|a;
559        if(tvalue<0x0fff)
560        tflag = 0;
561        else
562        {
563               tvalue = ∼tvalue + 1;
564               tflag = 1;
565        }
566        tvalue = tvalue * (0.425);         //温度值扩大10倍,精确到1位小数
567        return(tvalue);
568 }
569 void ds1820disp()                         //温度值显示
570 {
571        uchar flagdat;
572        disdata[0] = tvalue/1000 + 0x30;    //百位数
573        disdata[1] = tvalue%1000/100 + 0x30; //十位数
```

```
574        disdata[2] = tvalue % 100/10 + 0x30;         //个位数
575        disdata[3] = tvalue % 10 + 0x30;             //小数位
576        if(tflag == 0)
577            flagdat = 0x20;                          //正温度不显示符号
578        else
579            flagdat = 0x2d;                          //负温度显示负号：-
580        if(disdata[0] == 0x30)
581        {
582            disdata[0] = 0x20;                       //如果百位为0,不显示
583            if(disdata[1] == 0x30)
584            {
585                disdata[1] = 0x20;                   //如果百位为0,十位为0也不显示
586            }
587        }
588    write_com(0xc9);
589    write_date(flagdat);                             //显示符号位
590    write_com(0xca);
591    write_date(disdata[0]);                          //显示百位
592    write_com(0xcb);
593    write_date(disdata[1]);                          //显示十位
594    write_com(0xcc);
595    write_date(disdata[2]);                          //显示个位
596    write_com(0xcd);
597    write_date(0x2e);                                //显示小数点
598    write_com(0xce);
599    write_date(disdata[3]);                          //显示小数位
600    write_com(0xcf);
601    write_date(℃);
602 }
603 void main()
604 {
605    init();
606    Init_DS1302();                                   //将1302初始化
607    Init_DS18B20();
608    read_temp();                                     //读取温度
609    ds1820disp();                                    //显示
610    while(1)
611    {
612        read_date();
613        key_scan();
614        read_temp();                                 //读取温度
615        ds1820disp();                                //显示
616    }
```

617 }

八、实验思考题

如何将日期、时间调正确?

实验六　直流电机控制实验

一、实验目的

熟悉电机驱动芯片对于直流电机的控制方法。

二、实验设备及器件

(1) 硬件:计算机,单片机综合仿真实验开发板,直流电机。

(2) 软件:Keil 软件 μVision3,STC 单片机烧录工具。

三、实验内容

将直流电机的两端与 MG1 或 MG2(L298N 的输出端口)连接,编写一段程序,可以通过按键控制电机正反转及停止。

四、实验方法和步骤

(1) 打开 Keil3 软件,新建一个工程。新建一个 c 文件,将 c 文件添加到新建的工程中。

(2) 在 c 文件中编写程序,使电机按设定转速和转向运行。

(3) 编译程序,生成 hex 文件。打开 STC_ISP_V488 烧录软件,在 MCU Type 选项里选择 STC12C5A32S2,点击"打开程序文件",加载 hex 文件。点击"DownLoad/下载",按下单片机实验开发板的电源开关,等待程序下载完成。

(4) 直流电机的两端与 MG1 或 MG2(L298N 的输出端口)连接,观察实验现象。

五、实验预习要求

电机驱动模块电路原理如图 8 - 9 所示。L298N 的使能端 ENA、ENB 分别接单片机的 P1.2 和 P1.3 引脚,L298N 的 IN1、IN2、IN3、IN4 引脚分别接至单片机的 P3.4、P3.5、P3.6、P3.7 引脚。L298N 的使能端 ENA、ENB 分别控制 IN1、IN2 和 IN3、IN4 的使能。

图 8 - 9　电机驱动模块电路原理图

L298N 的逻辑功能表见表 8-1。

表 8-1　　　　　　　　　　　　　**L298N 的逻辑功能表**

电机 1		电机 2		电机 1	电机 2
IN1	IN2	IN3	IN4		
1	0	1	0	正转	正转
1	0	0	1	正转	反转
1	0	1	1	正转	停
0	1	1	0	反转	正转
1	1	1	0	停	正转
0	1	0	1	反转	反转

六、实验参考程序

汇编语言程序：

```
1           ORG     0000H
2           LJMP    MAIN
3           ORG     0100H
4   MAIN:
5           MOV     SP,#60H
6   START:
7           MOV     P3,#10H
8           ACALL   DELAY
9           MOV     P3,#30H
10          ACALL   DELAY
11          MOV     P3,#20H
12          ACALL   DELAY
13          SJMP    START
14  DELAY:
15          MOV R7,#100
16      D1: MOV R6,#200
17      D2: MOV R5,#248
18          DJNZ R5,$
19          DJNZ R6,D2
20          DJNZ R7,D1
21          RET
22          END
```

C 语言程序：

```
1 #include <reg52.h>
2 sbit IN1 = P3^4;
3 sbit IN2 = P3^5;
4 sbit IN3 = P3^6;
```

```
 5 sbit IN4 = P3^7;
 6 sbit ENA = P1^2;
 7 sbit ENB = P1^3;
 8 sbit key0 = P1^4;
 9 sbit key1 = P1^5;
10 sbit key2 = P1^6;
11 #define uchar unsigned char
12 unsigned int pwm_H;
13 unsigned int pwm_L;
14 /********** 初始函数函数 ********************************* /
15 / * 说明:初始化系统,调用速度设置函数前请先初始化 * /
16 void delay(uchar x)
17 {uchar i,j;
18 for(i = x;i>0;i - -)
19 for(j = 110;j>0;j - -);}
20 /********** 速度设置函数 ********************************* /
21 / * 说明:左转设置函数 * /
22 void TurnLeft()
23 {
24          IN1 = 0;
25          IN2 = 1;
26          IN3 = 0;
27          IN4 = 1;
28 }
29 /********** 速度设置函数 ********************************* /
30 / * 说明:右转设置函数 * /
31 void TurnRight()
32 {
33          IN1 = 1;
34          IN2 = 0;
35          IN3 = 1;
36          IN4 = 0;
37 }
38 void Stop()
39 {
40          IN1 = 1;
41          IN2 = 1;
42          IN3 = 1;
43          IN4 = 1;
44 }
45 /********** 电机使能 **************************** /
46 / * 说明:右转设置函数 * /
47 void MotorGo()
```

```
48 {
49        ENA = 1;
50        ENB = 1;
51 }
52  void MotorGo1()
53 {      ENA = 1;
54        ENB = 1;
55 }
56   void MotorGo2()
57 {      ENA = 1;
58        ENB = 1;
59 }
60 / * 说明:主函数 * /
61 void main()
62 {
63              while(1)
64     {
65          if(key0 == 0)          //正转
66       {
67          delay(10);
68          if(key0 == 0)
69           {
70              MotorGo();
71              TurnLeft();
72                  }
73                          }
74          if(key1 == 0)          //反转
75       {
76          delay(10);
77          if(key1 == 0)
78          {
79            MotorGo1();
80                TurnRight() ;
81                  }
82                  }
83          if(key2 == 0)          //停止
84       {
85          delay(10);
86          if(key2 == 0)
87          {
88              MotorGo2();
89                Stop();
90                  }
```

```
91                    }
92                  }
93  }
```

七、实验思考题

如何实现电机正转后 10s 再进行反转？

实验七 温度显示实验

一、实验目的

了解温度传感器 DS18B20 实时测量温度的
工作原理，实现温度最大值和最小值的采集并
显示在 LCD 屏上。

二、实验要求

掌握单片机读取 DS18B20 温度数据，控制
字符在液晶上显示的理论知识，并能够编写相
关操作函数。

三、实验设备及器件

（1）硬件：计算机，单片机实验开发板。

（2）软件：Keil 软件 μVision3，STC 单片
机烧录工具。

四、实验内容

安装好 LCD1602 显示屏，编写一段程序，
利用温度传感器 DS18B20 读取温度并传给
LCD1602 显示。通过外部触碰温度传感器可以
实现显示屏上温度的变化，并记录显示到的采
集到的温度最大值和最小值。温度读取显示实
验流程图如图 8-10 所示。

五、实验方法和步骤

（1）打开 Keil3 软件，新建一个工程。新
建一个 c 文件，将 c 文件添加到新建的工程中。

（2）在 c 文件中编写程序，读取 DS18B20
的温度值并显示在 LCD1602 上。

（3）编译程序，生成 hex 文件。打开 STC_
ISP_V488 烧录软件，在 MCU Type 选项里选
择 STC12C5A32S2，点击"打开程序文件"，加

图 8-10 温度读取显示实验流程图

载 hex 文件。点击"DownLoad/下载"，按下单片机实验板的电源开关，等待程序下载
完成。

（4）观察实验现象。

图 8-11　温度传感模块电路原理图

六、实验预习要求

温度传感模块电路原理图如图 8-11 所示，单片机的 P3.3 引脚连接 DS18B20 的数据端口 DQ。

七、实验参考程序

```
1 /************************************************
2 读取 DS18B20 温度，通过 LCD1602 显示出来
3 第一行：实时温度值
4 第二行：最大值和最小值
5 ************************************************ /
6 / *头文件 * /
7 #include <reg52. h>
8 #include <intrins. h>
9 #define uint unsigned int
10 #define uchar unsigned char
11 #define _Nop() _nop_()
12 sbit DQ = P3^3;   //定义 DS18B20 通信端口
13 sbit lcd_rs_port = P1^0;   / *定义 LCD1602 数据命令选择端 * /
14 sbit lcd_rw_port = P1^1;   / *定义 LCD1602 读写选择端 * /
15 sbit lcd_en_port = P3^2;   / *定义 LCD1602 使能端 * /
16 #define lcd_data_port P0   / *定义 P0 端口为 LCD1602 数据端口 * /
17 ///////////////以下是 LCD1602 驱动程序///////////////
18 void lcd_delay(uchar ms) / * LCD1602 延时程序 * /
19 {
20     uchar j;
21     while(ms - - ){
22         for(j = 0;j<250;j + + )
23             {;}
24     }
25 }
26 void lcd_busy_wait() / * LCD1602 忙等待,读状态 * /
27 {
28     lcd_rs_port = 0;
29     lcd_rw_port = 1;
30     lcd_en_port = 1;
31     lcd_data_port = 0xff;
32     while (lcd_data_port&0x80);
33     lcd_en_port = 0;
34 }
35 void lcd_command_write(uchar command) / * LCD1602 命令字写入,写命令 * /
36 {
37     lcd_busy_wait();
38     lcd_rs_port = 0;
```

```
39      lcd_rw_port = 0;
40      lcd_en_port = 0;
41      lcd_data_port = command;
42      lcd_en_port = 1;
43      lcd_en_port = 0;
44 }
45 void lcd_system_reset() /* LCD1602 初始化过程(复位过程) */
46 {
47      lcd_delay(20);
48      lcd_command_write(0x38);/* 设置 16X2 显示,5X7 显示,8 位数据端口 */
49      lcd_delay(100);
50      lcd_command_write(0x38);
51      lcd_delay(50);
52      lcd_command_write(0x38);
53      lcd_delay(10);
54      lcd_command_write(0x08);/* 显示关闭 */
55      lcd_command_write(0x01);/* 显示清屏 */
56      lcd_command_write(0x06);/* 显示光标移动设置;设定输入方式,增量不移位 */
57      lcd_command_write(0x0c);/* 显示开及光标设置;整体显示,关光标,不闪烁 */
58 }
59 void lcd_char_write(uchar x_pos,y_pos,lcd_dat) /* LCD1602 字符写入 */
60 {
61      x_pos &= 0x0f; /* X 位置范围 0～15 */
62      y_pos &= 0x01; /* Y 位置范围 0～ 1 */
63      if(y_pos == 1) x_pos += 0x40;
64      x_pos += 0x80;
65      lcd_command_write(x_pos);
66      lcd_busy_wait();
67      lcd_rs_port = 1;
68      lcd_rw_port = 0;
69      lcd_en_port = 0;
70      lcd_data_port = lcd_dat;
71      lcd_en_port = 1;
72      lcd_en_port = 0;
73 }
74 void lcd_bad_check() /* LCD1602 坏点检查 */
75 {
76      char i,j;
77      for(i = 0;i<2;i++){
78          for(j = 0;j<16;j++) {
79              lcd_char_write(j,i,0xff);
80              }
81          }
```

```
82      lcd_delay(200);
83      lcd_delay(200);
84          lcd_delay(200);
85          lcd_delay(100);
86          lcd_delay(200);
87      lcd_command_write(0x01); /* 显示清屏 */
88  }
89  ///////////////////以上是 LCD1602 驱动程序///////////////////
90  ///////////////////以下是 DS18B20 驱动程序///////////////////
91  //延时函数
92  void delay(unsigned int i)
93  {
94          while(i--);
95  }
96  /* 初始化函数 1. 单片机拉低总线 480~950μs, 然后释放总线(拉高电平); 2. 这时 DS18B20 会拉低
        信号, 大约 60~240μs 表示应答; 3. DS18B20 拉低电平的 60~240μs, 单片机读取总线的电平, 如果
        是低电平, 那么表示复位成功; 4. DS18B20 拉低电平 60~240μs 之后, 会释放总线 */
97  Init_DS18B20(void)
98  {
99          unsigned char x = 0;
100         DQ = 1; //DQ 复位
101         delay(80); //稍做延时
102         DQ = 0; //单片机将 DQ 拉低
103         delay(800); //精确延时大于 480μs
104         DQ = 1; //拉高总线
105         delay(140);
106         x = DQ; //稍做延时后, 若 x = 0 则初始化成功, 若 x = 1 则初始化失败
107         delay(200);
108         return 1;}
109 /* 读一个字节, DS18B20 读逻辑 1 的步骤如下: 1. 在读取时单片机拉低电平大约 1μs; 2. 单片机释
        放总线, 然后读取总线电平; 3. 这时 DS18B20 会拉高电平; 4. 读取电平过后, 延迟大约 40~
        45μs */
110 ReadOneChar(void)
111 {
112         unsigned char i = 0;
113         unsigned char dat = 0;
114         for (i = 8; i>0; i--){
115                 DQ = 0; // 给脉冲信号
116                 dat>>= 1;
117                 DQ = 1; // 给脉冲信号
118                 if(DQ)  dat |= 0x80;//按位或(有 1 为 1)
119                 delay(40);
120                 }
```

```
121          return(dat);
122 }
123 //写一个字节
124 WriteOneChar(unsigned char dat)
125 {
126          unsigned char i = 0;
127          for (i = 8; i>0; i--){
128                  DQ = 0;
129                  DQ = dat&0x01;
130                  delay(50);
131                  DQ = 1;
132                  dat>> = 1;
133                  }
134   return 1;   }
135 //读取温度
136 ReadTemperature(void)
137 {
138          unsigned char a = 0;
139          unsigned char b = 0;
140          unsigned int t = 0;
141          float tt = 0;
142          Init_DS18B20();
143          WriteOneChar(0xCC); /* 跳过读序号列号的操作 */
144          WriteOneChar(0x44); /* 启动温度转换 */
145          delay(1000);
146          Init_DS18B20();
147          WriteOneChar(0xCC); /* 跳过读序号列号的操作 */
148          WriteOneChar(0xBE); /* 读取温度寄存器等(共可读 9 个寄存器) 前两个就是温度 */
149          a = ReadOneChar();
150          b = ReadOneChar();
151          t = b;
152          t<< = 8;
153          t = t|a;
154          tt = t * 0.0625; //将温度的高位与低位合并
155          t = tt * 10 + 0.5; //对结果进行 4 舍 5 入
156          return(t);
157 }
158 //////////////////以上是 DS18B20 驱动程序//////////////////
159 /* 定义数字 ascii 编码 */
160 unsigned char mun_char_table[] = {"0123456789abcdef"};
161 unsigned char temp_table[] = {"Temp:   . 'C" };
162 unsigned char temp_high_low[] = {" H:  .    L:  .    " };
163 /* 1ms 为单位的延时程序 */
164 void delay_1ms(uchar x)
165 {
166    uchar j;
```

```
167      while(x - -){
168          for(j = 0;j<125;j + +)
169              {;}
170          }
171 }
172 / * 主函数 * /
173  main()
174 {
175      unsigned int i = 0, j = 0;
176      unsigned int temp_high;
177      unsigned int temp_low;
178      lcd_system_reset(); / * LCD1602 初始化 * /
179      lcd_bad_check(); / * LCD1602 坏点检查 * /
180      for (i = 0;i<12;i + +) lcd_char_write(i,0,temp_table[i]);
181      for (i = 0;i<16;i + +) lcd_char_write(i,1,temp_high_low[i]);
182      i = ReadTemperature(); / * 读取当前温度 * /
183      while(i == 850)
184      {
185              i = ReadTemperature(); / * 读取当前温度 * /
186      }
187      temp_high = i;
188      temp_low = i;
189      while(1)
190      {
191          i = ReadTemperature(); //读取当前温度
192          if(temp_high<i) temp_high = i;
193          if(temp_low>i)   temp_low = i;
194          lcd_char_write(6,0,mun_char_table[i/100]); / * 将温度显示出来 * /
195          lcd_char_write(7,0,mun_char_table[i % 100/10]);
196          lcd_char_write(9,0,mun_char_table[i % 10]);
197          lcd_char_write(2,1,mun_char_table[temp_high/100]);/ * 显示最高温度 * /
198          lcd_char_write(3,1,mun_char_table[temp_high % 100/10]);
199          lcd_char_write(5,1,mun_char_table[temp_high % 10]);
200          lcd_char_write(10,1,mun_char_table[temp_low/100]);/ * 显示最低温度 * /
201          lcd_char_write(11,1,mun_char_table[temp_low % 100/10]);
202          lcd_char_write(13,1,mun_char_table[temp_low % 10]);
203          delay_1ms(100);
204      }
205 }
```

八、实验思考题

如何通过改变程序使液晶屏上采集的温度显示平均值？

实验八　Zigbee 模块发送/接收实验

一、实验目的

熟悉 Zigbee 模块的传输数据功能。

二、实验要求

使用单片机实验开发板上的 Zigbee 模块，编写程序实现一块单片机实验板上采集的温度信息传输至另一块单片机实验板。

三、实验设备及器件

（1）硬件：计算机，单片机实验开发板，Zigbee 模块。

（2）软件：Keil 软件 μVision3，STC 单片机烧录工具。

四、实验内容

编写并调试一段发送程序和一段接收程序，分别下载至两块都安装有 Zigbee 模块的单片机。一块用于发送 DS18B20 温度传感器采集到的温度信息，另一块用于实时接收温度信息并将其显示在 LCD 显示屏上。发送/接收实验流程图如图 8 - 12 和图 8 - 13 所示。

图 8 - 12　发送流程图　　　　图 8 - 13　接收流程图

五、实验方法和步骤

（1）编写一个发送程序和一个接收程序。发送程序用于发送 DS18B20 温度传感器采集到的温度信息，接收程序用于实时接收温度信息并将其显示在 LCD 显示屏上。

（2）编译程序，生成 hex 文件。打开 STC_ISP_V488 烧录软件，在 MCU Type 选项里选择 STC12C5A32S2，点击"打开程序文件"，加载 hex 文件。分别将两个程序下载至两块单片机实验板。

（3）将两块 Zigbee 模块分别安装在实验板上，每块实验板用跳帽或杜邦线将 HEADER 2X2 的 RX 和 RX1，TX 和 TX1 相连。观察实验现象。

六、实验预习要求

Zigbee 模块电路原理图如图 8 - 14 所示。Zigbee 芯片的 DATA、RUN、NET、

图 8-14　Zigbee 模块电路原理图
(a) 指示灯；(b) Zigbee 模块；(c) 插针

ALARM引脚和电源之间各接一个指示灯，以显示 Zigbee 模块的工作状态，Zigbee 芯片的 RX1 和 TX1 引脚通过跳帽或者杜邦线可以与单片机的 TX 和 RX 相连，完成 Zigbee 模块与单片机之间的通信。

七、实验参考程序
发送程序：

```
1 #include<reg52.h>
2 #include<string.h>   //后面有一个比较
                              函数
3 #include< intrins.h >
4 #define uchar unsigned char
5 #define uint unsigned int
6 uchar recive;
7 uchar   idata str[6] = {0x39,0x00,0x00,
                          0x00,0x00,0x39};
8 sbit DQ = P3^3 ;       //定义 DS18B20 端
                              口 DQ
9 bit presence;
10 sbit LCD_RS = P1^0 ;
11 sbit LCD_RW = P1^1 ;
12 sbit LCD_EN = P3^2 ;
```

```
13 uchar code  cdis1[ ] = {" AHPU  A3001 "} ;
14 uchar code  cdis2[ ] = {" WENDU:   .  C "} ;
15 uchar code  cdis3[ ] = {" DS18B20   ERROR "} ;
16 uchar code  cdis4[ ] = {"  PLEASE CHECK  "} ;
17 unsigned char data  temp_data[2] = {0x00,0x00} ;
18 unsigned char data  display[5] = {0x00,0x00,0x00,0x00,0x00} ;
19 unsigned char code  ditab[16]
   = {0x00,0x01,0x01,0x02,0x03,0x03,0x04,0x04,0x05,0x06,0x06,0x07,0x08,0x08,0x09,0x09} ;
20 void beep() ;
21 unsigned char code  mytab[8] = {0x0C,0x12,0x12,0x0C,0x00,0x00,0x00,0x00} ;
22 void delayNOP(int us)
23 {
24        unsigned char x;
25    while(us − −)
26    {
27            for(x = 0;x<4;x + +)
28        {
29            _nop_() ;
30            _nop_() ;
31            _nop_() ;
```

```
32                    _nop_();
33            }
34        }
35 }
36 /****************************************************************/
37 void delay1(int ms)
38 {
39        unsigned char y;
40        while(ms--)
41        {
42            for(y = 0; y<250; y++)
43            {
44                    _nop_();
45                    _nop_();
46                    _nop_();
47                    _nop_();
48            }
49        }
50 }
51 /****************************************************************/
52 /* 检查 LCD 忙状态 */
53 /* lcd_busy 为 1 时表示忙,等待. lcd-busy 为 0 时表示闲,可写指令与数据. */
54 /****************************************************************/
55 bit lcd_busy()
56 {
57        bit result;
58        LCD_RS = 0;
59        LCD_RW = 1;
60        LCD_EN = 1;
61        delayNOP(100);
62        result = (bit)(P0&0x80);
63        LCD_EN = 0;
64        return(result);
65 }
66 /* 写指令数据到 LCD */
67 /* RS = L,RW = L,E = 高脉冲,D0-D7 = 指令码. */
68 /****************************************************************/
69 void lcd_wcmd(uchar cmd)
70 {
71        while(lcd_busy());
72        LCD_RS = 0;
73        LCD_RW = 0;
74        LCD_EN = 0;
```

```
75          _nop_() ;
76          _nop_() ;
77          P0 = cmd ;
78          delayNOP(100) ;
79          LCD_EN = 1 ;
80          delayNOP(100) ;
81          LCD_EN = 0 ;
82 }
83 / ************************************************************** /
84 / * 写显示数据到 LCD * /
85 / * RS = H,RW = L,E = 高脉冲,D0 - D7 = 数据. * /
86 / ************************************************************** /
87 void lcd_wdat(uchar dat)
88 {
89          while(lcd_busy()) ;
90          LCD_RS = 1 ;
91          LCD_RW = 0 ;
92          LCD_EN = 0 ;
93          P0 = dat ;
94          delayNOP(100) ;
95          LCD_EN = 1 ;
96          delayNOP(100) ;
97          LCD_EN = 0 ;
98 }
99 / *    LCD 初始化设定 * /
100 / ************************************************************** /
101 void lcd_init()
102 {
103          delay1(150) ;
104          lcd_wcmd(0x01) ;          //清除 LCD 的显示内容
105          lcd_wcmd(0x38) ;          //16 * 2 显示,5 * 7 点阵,8 位数据
106          delay1(50) ;
107          lcd_wcmd(0x38) ;
108          delay1(50) ;
109          lcd_wcmd(0x38) ;
110          delay1(50) ;
111          lcd_wcmd(0x0c) ;          //显示开,关光标
112          delay1(50) ;
113          lcd_wcmd(0x06) ;          //移动光标
114          delay1(50) ;
115          lcd_wcmd(0x01) ;          //清除 LCD 的显示内容
116          delay1(50) ;
117 }
```

```
118 /* 设定显示位置 */
119 /*********************************************************** */
120 void lcd_pos(uchar pos)
121 {
122         lcd_wcmd(pos | 0x80) ;    //数据指针 = 80 + 地址变量
123 }
124 /* 自定义字符写人 CGRAM */
125 /*********************************************************** */
126 void  writetab()
127 {
128         unsigned char i ;
129         lcd_wcmd(0x40) ;          //写 CGRAM
130         for (i = 0;i<8;i + + )
131         lcd_wdat(mytab[i]) ;
132 }
133 /* μs 级延时函数 */
134 /*********************************************************** */
135 void Delay(unsigned int num)
136 {
137         while( - - num ) ;
138 }
139 /* 初始化 ds1820 */
140 /*********************************************************** */
141 Init_DS18B20(void)
142 {
143         DQ = 1 ;                 //DQ 复位
144         Delay(80) ;              //稍做延时
145         DQ = 0 ;                 //单片机将 DQ 拉低
146         Delay(800) ;             //精确延时,大于 480μs
147         DQ = 1 ;                 //拉高总线
148         Delay(140) ;
149         presence = DQ ;          //如果为 0 则初始化成功,为 1 则初始化失败
150         Delay(200) ;
151         DQ = 1 ;
152         return(presence) ;       //返回信号,0 = presence,1 = no presence
153 }
154 /* 读一个字节 */
155 /*********************************************************** */
156 ReadOneChar(void)
157 {
158         unsigned char i = 0 ;
159         unsigned char dat = 0 ;
160         for (i = 8 ; i > 0 ; i- - )
```

```
161   {
162       DQ = 0 ;                          //给脉冲信号
163           dat >> = 1 ;
164       DQ = 1 ;                          //给脉冲信号
165       if(DQ)
166           dat |= 0x80 ;
167       Delay(40) ;
168   }
169       return (dat) ;
170   }
171 /* 写一个字节 */
172 /* **************************************************************** */
173   WriteOneChar(unsigned char dat)
174 {
175       unsigned char i = 0 ;
176       for ( i = 8 ; i > 0 ; i- - )
177   {
178       DQ = 0 ;
179       DQ = dat&0x01 ;
180       Delay(50) ;
181       DQ = 1 ;
182       dat>> = 1 ;
183   }
184 }
185 /* 读取温度 */
186 /* **************************************************************** */
187 Read_Temperature(void)
188 {
189       Init_DS18B20() ;
190       WriteOneChar(0xCC) ;            //跳过读序号列号的操作
191       WriteOneChar(0x44) ;            //启动温度转换
192       Delay(1000);
193       Init_DS18B20() ;
194       WriteOneChar(0xCC) ;            //跳过读序号列号的操作
195       WriteOneChar(0xBE) ;            //读取温度寄存器
196       temp_data[0] = ReadOneChar() ;  //温度低8位
197       temp_data[1] = ReadOneChar() ;  //温度高8位
198   }
199 /* 数据转换与温度显示 */
200 /* **************************************************************** */
201 Disp_Temperature()
202 {
203       display[4] = temp_data[0]&0x0f ;
```

```
204          display[0] = ditab[display[4]] + 0x30 ;        //查表得小数位的值
205          display[4] = ((temp_data[0]&0xf0)>>4)|((temp_data[1]&0x0f)<<4) ;
206          display[3] = display[4]/100 + 0x30 ;
207          display[1] = display[4]%100 ;
208          display[2] = display[1]/10 + 0x30 ;
209          display[1] = display[1]%10 + 0x30 ;
210          if(display[3] == 0x30)                        //高位为 0,不显示
211      {
212          display[3] = 0x20 ;
213          if(display[2] == 0x30)                        //次高位为 0,不显示
214          display[2] = 0x20 ;
215      }
216      lcd_pos(0x48) ;
217      lcd_wdat(display[3]) ;                            //百位数显示
218      lcd_pos(0x49) ;
219      lcd_wdat(display[2]) ;                            //十位数显示
220      lcd_pos(0x4a) ;
221      lcd_wdat(display[1]) ;                            //个位数显示
222      lcd_pos(0x4c) ;
223      lcd_wdat(display[0]) ;                            //小数位数显示
224          str[1] = display[3];
225          str[2] = display[2];
226          str[3] = display[1];
227          str[4] = display[0];
228 }
229 /* DS18B20 OK 显示菜单 */
230 /********************************************************************** /
231  void   Ok_Menu ()
232 {
233          uchar  m ;
234          lcd_init() ;                                  //初始化 LCD
235          lcd_pos(0) ;                                  //设置显示位置为第一行的第 1 个字符
236          m = 0 ;
237  while(cdis1[m] != '\0')
238  {                                                     //显示字符
239          lcd_wdat(cdis1[m]) ;
240          m + + ;
241 }
242  lcd_pos(0x40) ;                                       //设置显示位置为第二行第 1 个字符
243  m = 0 ;
244  while(cdis2[m] != '\0')
245 {
246          lcd_wdat(cdis2[m]) ;                          //显示字符
```

```
247         m + + ;
248 }
249 writetab() ;                          //自定义字符写入 CGRAM
250 delay1(50) ;
251 lcd_pos(0x4d) ;
252 lcd_wdat(0x00) ;                      //显示自定义字符
253 }
254 / * DS18B20 ERROR 显示菜单 * /
255 / * ************************************************************ /
256 void   Error_Menu ()
257 {
258        uchar   m ;
259        lcd_init() ;                    //初始化 LCD
260        lcd_pos(0) ;                    //设置显示位置为第一行的第 1 个字符
261        m = 0 ;
262        while(cdis3[m] ! = '\0')
263        {                              //显示字符
264              lcd_wdat(cdis3[m]) ;
265         m + + ;
266        }
267              lcd_pos(0x40) ;           //设置显示位置为第二行第 1 个字符
268            m = 0 ;
269        while(cdis4[m] ! = '\0 ')
270        {
271              lcd_wdat(cdis4[m]) ;      //显示字符
272         m + + ;
273         }
274 }
275 void init()                           //初始化 uart
276 {
277        TMOD = 0X20; / * 定时器 1 定时方式,工作模式 2,可自动重载的 8 位计数器
278                    常把定时器/计数器 1 以模式 2 作为串行口波特率发生器 * /
279        SCON = 0X51;                    //选择工作模式 1 使能接收,允许发送,允许接收
280        EA = 1;                         //开总中断
281        ES = 1;                         //打开串口中断
282        ET1 = 0;                        //打开定时器中断
283        PCON = 0X80;                    //8 位自动重载,波特率加倍
284        TH1 = 0XFA;                     //用 22. 1184 MHz 波特率
285        TL1 = 0XFA;
286        TR1 = 1;                        //打开定时器
287 }
288 void UART_Putch(uchar idata * dat)    //输出一个字符
289 {
```

```
290          uchar i;
291          for(i = 0 ;i<6;i + +)
292          {
293                  SBUF = dat[i];        //将数据送给 SBUF 缓存器中
294                  while(TI! = 1);       /＊发送标志位 TI 如果发送了为 1,没发送为 0,没发送等待,到了
                                              退出循环 ＊/
295                  TI = 0;               //到了,TI 清为 0
296          }
297 }
298 void init1() interrupt 4          //uart 中断 ,4 为串口中断
299 {
300          if(RI == 1)               //收到数据
301          {
302                  recive = SBUF;
303                  if(recive == 0x23)
304                  {
305                          UART_Putch(str);
306                          RI = 0;
307                  }
308                  else
309                  {
310                          RI = 0;
311                  }
312          }
313 }
314 void main()
315 {
316          init();
317          Init_DS18B20() ;
318          Ok_Menu () ;
319          while(1)
320          {
321                  UART_Putch(str);
322                  delay1(50);
323                  Read_Temperature() ;
324                  Disp_Temperature() ;
325          }
326 }
```

接收程序：

```
1 # include < reg51. h >
2 # include < intrins. h >
3 # include<string. h> //后面有一个比较函数
```

```
 4 #define uchar unsigned char
 5 #define uint   unsigned int
 6 uchar recive;
 7 uchar count = 0;
 8 bit   UART_Flag = 0;                                  //定义串行端口接收标志位
 9 uchar   idata rec[6] = {0x00,0x00,0x00,0x00,0x00,0x00}; //接收上位机数据
10 sbit Secce = P2^0;
11 sbit Fail  = P2^1;
12 sbit SendErr = P2^2;
13 uchar a ;
14 uchar code   cdis2[ ] = {"Temperature:   C"} ;
15 /*********************************************************
16 位端口定义
17 ********************************************************* /
18 sbit LCD_RS = P1^0 ;
19 sbit LCD_RW = P1^1 ;
20 sbit LCD_EN = P3^2 ;
21 unsigned char h;
22 void delayNOP( int us)
23 {
24          unsigned char x;
25          while(us - - )
26          {
27                  for(x = 0;x<4;x + + )
28                  {
29                          _nop_() ;
30                          _nop_() ;
31                          _nop_() ;
32                          _nop_() ;
33                  }
34          }
35 }
36 /********************************************************************* /
37 void delay1( int ms)
38 {
39          unsigned char y ;
40          while(ms - - )
41          {
42                  for(y = 0 ; y<250 ; y + + )
43                  {
44                          _nop_() ;
45                          _nop_() ;
46                          _nop_() ;
```

```
47                    _nop_();
48                }
49            }
50 }
51 /*************************************************************/
52 /* 检查 LCD 忙状态                                          */
53 /* lcd_busy 为 1 时表示忙,等待. lcd-busy 为 0 时表示闲,可写指令与数据. */
54 /*************************************************************/
55 bit lcd_busy()
56 {
57        bit result;
58        LCD_RS = 0;
59        LCD_RW = 1;
60        LCD_EN = 1;
61        delayNOP(100);
62        result = (bit)(P0&0x80);
63        LCD_EN = 0;
64        return(result);
65    }
66 /* 写指令数据到 LCD */
67 /* RS = L,RW = L,E = 高脉冲,D0 - D7 = 指令码 */
68 /*************************************************************/
69 void lcd_wcmd(uchar cmd)
70 {
71        while(lcd_busy());
72        LCD_RS = 0;
73        LCD_RW = 0;
74        LCD_EN = 0;
75        _nop_();
76        _nop_();
77        P0 = cmd;
78        delayNOP(100);
79        LCD_EN = 1;
80        delayNOP(100);
81        LCD_EN = 0;
82 }
83 /*************************************************************/
84 /* 写显示数据到 LCD                                         */
85 /* RS = H,RW = L,E = 高脉冲,D0 - D7 = 数据.                 */
86 /*************************************************************/
87 void lcd_wdat(uchar dat)
88 {
89        while(lcd_busy());
```

```
90          LCD_RS = 1 ;
91          LCD_RW = 0 ;
92          LCD_EN = 0 ;
93          P0 = dat ;
94          delayNOP(100) ;
95          LCD_EN = 1 ;
96          delayNOP(100) ;
97          LCD_EN = 0 ;
98  }
99  void lcd_pos(uchar pos)
100 {
101         lcd_wcmd(pos | 0x80) ;    //数据指针 = 80 + 地址变量
102 }
103 / *   LCD 初始化设定 * /
104 / ********************************************************************* /
105 void lcd_init()
106 {
107         delay1(150) ;
108         lcd_wcmd(0x01) ;          //清除 LCD 的显示内容
109         lcd_wcmd(0x38) ;          //16 * 2 显示,5 * 7 点阵,8 位数据
110         delay1(50) ;
111         lcd_wcmd(0x38) ;
112         delay1(50) ;
113         lcd_wcmd(0x38) ;
114         delay1(50) ;
115         lcd_wcmd(0x0c) ;          //显示开,关光标
116         delay1(50) ;
117         lcd_wcmd(0x06) ;          //移动光标
118         delay1(50) ;
119         lcd_wcmd(0x01) ;          //清除 LCD 的显示内容
120         delay1(50) ;
121 }
122 / ****************************************************
123                  串口初始化
124 **************************************************** /
125 void Init_com()
126 {
127         TMOD = 0X20;   / * 定时器 1 定时方式,工作模式 2,可自动重载的 8 位计数器常把定时器/计
                              数器 1 以模式 2 作为串行端口波特率发生器 * /
128         SCON = 0X51;              //选择工作模式 1 使能接收,允许发送,允许接收
129         EA = 1;                   //开总中断
130         ES = 1;                   //打开串行端口中断
131         ET1 = 0;                  //打开定时器中断
```

```
132          PCON = 0X80;              //8位自动重载,波特率加倍
133          TH1 = 0XFA;
134          TL1 = 0XFA;
135          TR1 = 1;                  //打开定时器
136          count = 0;
137 }
138 void   xianshi(uchar idata * dat)
139 {
140          lcd_pos(12) ;
141          lcd_wdat(dat[2]);
142          lcd_pos(13) ;
143          lcd_wdat(dat[3]);
144 }
145  / ************************************************************
146                  发送数据函数
147 ************************************************************ /
148 void senddata(unsigned char dat)
149 {
150          SBUF = dat;
151          while(!TI);               //等待数据发送完毕,向主机发送0x22,命令主机开始发送数据
152          TI = 0;
153 }
154 void main()
155 {
156          lcd_init();               //初始化1602
157          Init_com();               //初始化串口
158          rec[2] = '0';
159          rec[3] = '0';
160          while(1)
161          {
162                  lcd_pos(0) ;
163                  lcd_wdat(cdis2[0]);
164                  lcd_pos(1) ;
165                  lcd_wdat(cdis2[1]);
166                  lcd_pos(2) ;
167                  lcd_wdat(cdis2[2]);
168                  lcd_pos(3) ;
169                  lcd_wdat(cdis2[3]);
170                  lcd_pos(4) ;
171                  lcd_wdat(cdis2[4]);
172                  lcd_pos(5) ;
173                  lcd_wdat(cdis2[5]);
174                  lcd_pos(6) ;
```

```
175            lcd_wdat(cdis2[6]);
176            lcd_pos(7) ;
177            lcd_wdat(cdis2[7]);
178            lcd_pos(8) ;
179            lcd_wdat(cdis2[8]);
180            lcd_pos(9) ;
181            lcd_wdat(cdis2[9]);
182            lcd_pos(10) ;
183            lcd_wdat(cdis2[10]);
184            lcd_pos(11) ;
185            lcd_wdat(cdis2[11]);
186            lcd_pos(14) ;
187            lcd_wdat(cdis2[14]);
188            xianshi(rec);
189            delay1(100);
190        }
191 }
192 /*********************************************************
193                   串行中断服务函数
194 ********************************************************* /
195 void init1() interrupt 4           //uart 中断 ,4 为串行端口中断
196 {
197        if(RI == 1)                 //收到数据
198        {
199                rec[count] = SBUF;
200                if(count == 0x00)
201                {
202                        if(rec[count] == 0x39)
203                        {
204                                RI = 0;
205                                count = count + 1;
206                        }
207                    else
208                        {
209                                RI = 0;
210                                count = 0;
211                        }
212                }
213            else if (count == 0x05)//判断 6 个数是否发完
214            {
215                    if(rec[count] == 0x39)
216                    {
217                            RI = 0;
```

```
218                    }
219                         count = 0;
220                    }
221               else
222               {
223                    count = count + 1;
224                    RI = 0;
225               }
226          }
227 }
```

八、实验思考题

如何实现温度超高报警?

实验九　多路温度无线检测实验

一、实验目的

熟悉 Zigbee 模块的数据传输功能和 DS18B20 的温度采集功能。

二、实验要求

使用单片机实验开发板上的 ZigBee 模块编写程序,实
现三块单片机实验开发板上采集的温度信息传输至另一块
单片机实验板。实验功能示意图如图 8 - 15 所示。

三、实验设备及器件

(1) 硬件:计算机,单片机实验开发板,Zigbee 模块。

(2) 软件:Keil 软件 μVision3,STC 单片机烧录工具。

图 8 - 15　实验功能示意图

四、实验内容

编写并调试三段发送程序和一段接收程序,分别下载至四块都安装有 Zigbee 模块的单
片机。其中,三块用于发送 DS18B20 温度传感器采集到的温度信息,另一块用于实时接收
温度信息并将其显示在 LCD 显示屏上,并且任何一路温度过高会产生超温报警。上、下位
机数据传输流程图如图 8 - 16 和图 8 - 17 所示。

实验流程如图 8 - 18 所示。

五、实验方法和步骤

(1) 编写三段发送程序和一段接收程序。发送程序用于发送 DS18B20 温度传感器采集
到的温度信息,接收程序用于实时接收温度信息并将其显示在 LCD 显示屏上。

(2) 编译程序,生成 hex 文件。打开 STC _ ISP _ V488 烧录软件,在 MCU Type 选项
里选择 STC12C5A32S2,点击"打开程序文件",加载 hex 文件。分别将两个程序下载至两
块单片机实验板。

(3) 将两块 Zigbee 模块分别安装在实验板上。每块实验板用跳帽或杜邦线将 HEADER
2X2 的 RX 和 RX1、TX 和 TX1 相连。观察实验现象。

六、实验预习要求

Zigbee 模块电路原理图如图 8 - 19 所示。Zigbee 芯片的 DATA 、RUN、NET、ALARM 引

脚和电源之间各接一个指示灯，以显示 Zigbee 模块的工作状态。Zigbee 芯片的 RX1 和 TX1 引脚通过跳帽或者杜邦线可以与单片机 TX 和 RX 相连，完成 Zigbee 模块与单片机之间的通信。

图 8-16　上位机数据传输流程图

图 8-17　下位机数据传输流程图

图 8-18　实验流程图
(a) 发送端流程图；(b) 接收端流程图

微课16

多路温度无线检
测实验参考程序

七、实验思考题

1. 如何实现改变报警阈值？

2. 如何实现温度超出阈值，报警方式的改变？

图 8-19 Zigbee 模块电路原理图

（a）指示灯；（b）Zigbee 模块；（c）插针

实验十 继电器实验

一、实验目的

利用开发板上的按键的按下和松手来控制继电器的闭合和断开，从而起到控制发光二极管亮灭的目的。

二、实验要求

掌握单片机控制开发板按键，并通过按键打开和闭合继电器的理论知识，并能够编写相关操作程序。

三、实验设备及器件

（1）硬件：计算机，单片机综合仿真实验板，继电器，发光二极管一个。

（2）软件：Keil 软件 μVision3、STC 单片机烧录工具。

四、实验内容

安装好继电器，编写一段程序，利用开发板按键控制继电器，通过按键的按下和松开来控制继电器的闭合和断开，来控制发光二极管的亮灭，并记录所观察到的实验现象。实验显示流程如图 8-20 所示。

五、实验方法和步骤

（1）打开 Keil3 软件，新建一个工程。新建一个 c 文件，将 c 文件添加到新建的工程中。

（2）在 c 文件中编写程序，按下 S1 和 S2 按键来显示继电器的关闭和断开。

（3）编译程序，生成 hex 文件。打开 STC_ISP_

图 8-20 继电器实验流程

V488 烧录软件，在 MCU Type 选项里选择 STC12C5A32S2，单击"打开程序文件"，加载 hex 文件。单击"DownLoad/下载"，按下单片机实验板的电源开关，等待程序下载完成。

（4）观察实验现象。

六、实验预习要求

温度传感模块电路原理图如图 8-21 所示，单片机的 P3.3 引脚连接继电器的数据口 IN，继电器上的 VCC 和 GND 接到单片机上的 VCC 和 GND。

图 8-21　温度传感模块电路原理图

七、实验参考程序

```
 1 /*********************************************
 2 按下 S1 和松开 S2 按键,观察继电器的闭合
 3 再观察发光二极管的亮灭
 4 得出通过按键控制继电器断和来控制发光二极管亮灭的结论
 5 *********************************************/
 6 /* 头文件 */
 7 # include<reg52.h>
 8 # define uint unsigned int
 9 # define uchar unsigned char
10 sbit key1 = P1^4;
11 sbit key2 = P1^5;
12 sbit jdq = P3^3;
13 void delay(uint z)
14 {
15     uint i,j;
16     for(i = z;i>0;i--)
17     for(j = 110;j>0;j--);
18 }
```

```
19 void main()
20 {
21      key1 = 1;                    //键盘1没按下时
22      jdq = 1;                     //让继电器关闭
23      key2 = 1;                    //键盘2没按下时
24      jdq = 1;                     //让继电器关闭
25      while(1)
26      {
27          if(!key1)                //判断键盘1是否被按下,按下则执行以下语句
28          {
29              delay(50);           //消除抖动
30              if(!key1)            //再次判断键盘1是否被按下,按下则执行以下语句
31              {
32                  while(!key1);    //判断是否松手,如果松手则执行以下语句
33                  jdq = 0;         //打开继电器
34              }
35          }
36              if(!key2)
37              {
38              delay(50);
39              if(!key2)
40              {
41                  while(!key2);
42                      jdq = 1;
43              }
44          }
45      }
46 }
```

八、实验思考题

如何通过改变程序使按下 S2 按键并松手后发光二极管亮,按下 S1 按键并松手后发光二极管灭?

实验十一　串 口 通 信 实 验

一、实验目的

利用上位机,通过 RS-232 串行总线接口连接 RS-232 模块,再将 RS-232 模块通过杜邦线和单片机相连,在通过上位机直接发送数据给单片机,实现控制 8 个发光二极管的自由亮灭。

二、实验要求

掌握单片机接收上位机发送的数据方法,控制单片机发光二极管的理论知识,并能够编写相关操作程序。

图 8 - 22　串口通信流程

三、实验设备及器件

（1）硬件：计算机，单片机综合仿真实验板，RS-232 串行总线，RS-232 模块，杜邦线。

（2）软件：Keil 软件 μVision3，STC 单片机烧录工具，串口调试助手。

四、实验内容

使单片机连接好 RS-232 串口总线和 RS-232 模块，编写一段程序，通过串口调试助手发送数据给单片机，然后观察单片机上 8 个发光二极管的变化，并记录显示的发光二极管和所发送数据之间对应的关系。串口通信流程如图 8-22 所示。

五、实验方法和步骤

（1）打开 Keil3 软件，新建一个工程。新建一个 c 文件，将 c 文件添加到新建的工程中。

（2）在 c 文件中编写程序。

（3）编译程序，生成 hex 文件。打开 STC_ISP_V488 烧录软件，在 MCU Type 选项里选择 STC12C5A32S2，单击"打开程序文件"，加载 hex 文件。单击"DownLoad/下载"，按下单片机实验板的电源开关，等待程序下载完成。

（4）打开串口调试助手，通过串口调试助手发送数据给单片机。

（5）观察实验现象。

六、实验预习要求

MAX232 模块电路原理图如图 8-23 所示。单片机的 P3.0 和 P3.1 引脚连接 RS-232 模块数据口的 RXD 和 TXD，VCC 和 GND 分别接到单片机上的 VCC 和 GND。

七、实验参考程序

（1）查询法。

图 8 - 23　MAX232 模块电路原理图

```
1/****************************************
2 接收串口数据,通过发管二极管显示出来
3 打开串口调试助手
4 设定好合适的波特率和串口
5 ****************************************/
6 /*头文件*/
```

```
 7 # include<reg52.h>
 8 void main()
 9 {
10        TMOD = 0x20;                    //定时器 1 工作方式 2
11        TH1 = 0xfd;
12        TL0 = 0xfd;
13        TR1 = 1;                        //定时器 1 运行控制位,置 1 启动定时器
14        REN = 1;                        //允许串行接收位,置 1 允许串行口接收数据
15        SM0 = 0;                        //共同决定了串行口工作方式 1
16        SM1 = 1;                        //共同决定了串行口工作方式 1
17        while(1)
18        {
19                if(RI == 1)            //判断是否接收中断,置 1 为向 CPU 发出中断申请
20                {        RI = 0;       //关闭中断申请
21                        P2 = SBUF;     //将 SBUF 的值装入到 P2 口
22                }
23        }
24 }
```

（2）中断法。

```
 1  # include<reg52.h>
 2  unsigned char flag,a;
 3  void main()
 4  {
 5  TMOD = 0x20;                        //定时器 1 工作方式 2
 6  TH1 = 0xfd;                         //装初始值
 7  TL0 = 0xfd;
 8  TR1 = 1;                            //定时器 1 运行控制位,置 1 启动定时器
 9  REN = 1;                            //允许串行接收位,置 1 允许串行口接收数据
10  SM0 = 0;                            //共同决定了串行口工作方式 1
11  SM1 = 1;                            //共同决定了串行口工作方式 1
12  EA = 1;                             //全局中断允许位,置 1 打开全局中断
13  ES = 1;                             //串行口中断允许位,置 1 打开串行口中断
14  while(1)
15      {
16              if(flag == 1)
17              {
18                      ES = 0;        //置 0 为关闭串行口中断允许位
19                      flag = 0;
20                      SBUF = a;      //调用了接收缓冲器
21                      while(!TI);    //判断是否发送完了数据,发送完了则跳出循环
22                                     //等待它发送完,发送完了置 1
23                      TI = 0;        //取消发送中断申请
```

```
24                    ES = 1;              //打开串行口中断
25               }
26          }
27     }
28 void ser( ) interrupt 4                  //声明串行口中断
29 {
30     RI = 0;                              //关闭接收中断申请
31     P2 = SBUF;                           //将 SBUF 的值赋给 P2 口
32     a = SBUF;                            //SBUF 赋给了发送缓冲器;等号左右决定了 SBUF 是接收缓
                                              冲器还是发送缓冲器
33     flag = 1;                            //说明已经收到这个数
34 }
```

八、实验思考题

如何通过程序实现用查询法也能够在串口调试助手中接收数据？

第 9 章　实验开发板例程的 Proteus 仿真实验

实验一　单片机 I/O 端口控制实验

一、实验目的
(1) 学习 Proteus 软件的基本操作。
(2) 学习 Proteus 软件和 Keil 软件联调的方法。
(3) 学习单片机 I/O 端口用作通用输出端口的方法。

二、实验内容
用单片机 I/O 端口控制 8 个 LED 灯轮流点亮。试利用 Proteus 软件，设计系统仿真用的电路原理图；利用 Keil 软件，编写系统应用程序；调试系统的软硬件，实现系统的功能。

三、实验预习要求
了解 AT89C52 单片机并行 I/O 端口用作输出端口控制发光二极管的方法。

四、实验参考硬件电路
I/O 端口控制实验参考硬件电路原理图如图 9-1 所示。R8～R15 为限流电阻，LED 灯 D5～D12（发光二极管）组成流水灯，仿真电路中的时钟电路和复位电路可以省略。

图 9-1　I/O 端口控制实验参考硬件电路原理图

微课17

I/O 端口控制实验

五、实验方法与步骤
用 Proteus 软件绘制该电路原理图的过程如下：

1. 新建并保存工程文件

单击"开始—所有程序—Proteus 7 Professional—ISIS 7 Professional"，或者双击桌面上的 Proteus 图标，运行 Proteus 软件，启动画面如图 9 - 2 所示。

图 9 - 2 Proteus 软件启动画面

单击工具栏上的"Save Design"按钮，弹出保存工程文件对话框，如图 9 - 3 所示。在"保存在（I）："后面指定文件保存路径（首先在电脑的适合位置新建一个文件夹，工程所创建的所有文件都保存在该文件夹中），在"文件名（N）："后面输入新工程的文件名称（文件后缀名 * . dsn 自动添加），设置完毕后单击"保存"按钮。

图 9 - 3 Proteus 保存工程文件对话框

当需要打开已有工程文件时，单击图 9 - 2 工具栏上的"打开工程"按钮，找到已有工程文件，单击"打开"按钮即可。

2. 元件的选取

单击图 9 - 4 所示的元件选取按钮，弹出如图 9 - 5 所示的元件选取窗口。

如果已知元件的名称，可以直接在 Keywords 栏中输入元件名，如"AT89C52"。元件

图 9-4 元件选取按钮

图 9-5 元件选取窗口

查找的结果如图 9-6 所示。

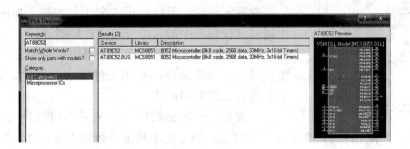

图 9-6 显示查找元件"AT89C52"结果窗口

在 Results 栏中双击第一行元件 AT89C52，该元件就会被添加到元件列表中，如图 9-7 所示。

以同样的方法可以添加其他元件。实验参考电路中用到的仿真元件清单见表 9-1。

图 9-7　元件"AT89C52"加载到列表中的窗口

表 9-1　　　　　　　　　　　参考电路原理图中用到的仿真元件

序号	元件编号	元件名称
1	U1	AT89C52
2	R8～R15	RES
3	L5～L12	LED-RED

如果不知道元件的名称，可以通过图 9-5 左边的分类元件库通过人工浏览查找到相应元件。在"Category"栏中列出各种类型的元件，在"Sub-category"档中列出每大类元件中的子类元件，每个子类又列出了芯片的各种生产厂商。通过分类元件库可以大致了解软件所带的仿真元件类型。

图 9-8　调整元件方向的工具按钮

3. 元件的放置与布局

单击元件列表中将要放置的元件"AT89C52"，将鼠标移动到原理图编辑窗口（鼠标此时变成笔形状），单击鼠标左键后窗口中将出现选取的元件外形，拖动鼠标到窗口适当位置，再单击鼠标左键即可将元件"AT89C52"放置在窗口中。

放置元件时，可以利用方向工具按钮，如图 9-8 所示，可以对元件列表中的元件方向进行控制。

如果对已经放置到原理图编辑窗口中的元件进行方向调整，可以右击该元件，利用元件的方向属性，如图 9-9 所示，进行元件方向调整。

放置到原理图编辑窗口中的元件可以进行移动、复制、删除等操作。移动元件时，先单击该元件使其处于选中状态，再选中该元件并拖动鼠标即可移动元件。移动到位后释放鼠标左键，在原理图编辑窗口空白处单击一次即可取消元件选中状态。复制元件时，先选中该元件，利用 Edit 菜单中的"Copy to clipboard""Paste form clipboard"菜单项可以完成选中元件的复制。删除元件时，先选中该元件，单击"delete"键即可删除。

如果对多个元件进行块操作，则可以利用块操作按钮。在原理图编辑窗口拖动鼠标画出方框，使要编辑的所有元件全部包含于方框中，此时方框中的元件全部为选中状态。再用如图 9-10 所示工具栏中的块操作按钮进行块复制、块移动、块旋转和块删除操作。

图 9-9 元件方向调整属性

图 9-10 块操作工具按钮

放置元件时，一般采用模块化的方法，即一个模块电路中的所有元件一次放置完毕，然后对放置的元件进行合理布局。图 9-11 显示的是元件布局以后的位置。

图 9-11 元件布局后在窗口中的位置

4．布线

放置和布局好元件后，开始用导线将元件相互连接起来。例如连接图 9-11 中的电阻 R15 和 LED 灯 D5。单击图 9-12 所示的元件操作按钮后，在电阻 R15 的右端点单击鼠标左键，移动鼠标到 LED 灯 D5 的左端点，再单击完成导线的绘制。

布线时可以利用"线复制命令"提高布线效率。例如要对图 9-11 中电阻和 LED 灯之间布线，在完成 R15 和 LED 灯 D5 的连线后，再分别双击电阻 R14～R8 的右端点，即可快速地绘制出其余电阻和 LED 灯之间的导线。

图 9-12 元件操作按钮

绘制原理图时，可以利用"总线"绘图工具使原理图更加清晰明了，并通过网络标号标明端口之间的连接关系。图 9 - 13 所示为总线绘制工具。绘制总线的步骤类似于绘制一般导线。在元件端口与总线之间绘制导线，即绘制分支线。在绘制分支线中的斜线部分时，要按下 "Ctrl" 键不放。需要提醒的是绘制的总线不具有电气意义，必须通过给每个分支添加网络标号，才能说明元件引脚之间的连接状态。

　　　图 9 - 13　总线绘制工具

单击图 9 - 13 所示的 "网络标号" 按钮，然后在需要放置网络标号的分支线上再单击鼠标左键一次，就会弹出一个对话框。在弹出的对话框中的 String 栏里输入网络标号的名称，单击 "OK" 即可。同样的方法在另外一条分支线上，添加相同名称的网络标号。具有相同名称的网络标号，表示对应元件端点电气意义上是连接在一起的。

绘制网络标号时，可以利用属性分配工具提高绘制网络标号的效率。方法是单击键盘上的字母 "A"，启动属性分配工具，如图 9 - 14 所示。假设添加网络标号为 P20、P21、…、P27，可以在 String 栏中输入 NET＝P2#，起始数字设为 0，步长为 1，单击 "OK" 后，在需要添加网络标号的分支线上，依次单击即可添加网络标号。

图 9 - 14　属性分配工具

　　如果重新添加另外一组名称仍为 P20、P21、…、P27 的网络标号时，可以再次单击键盘上的字母 "A"，然后在需要添加网络标号的分支线上依次单击即可。

　　利用上述总线方式绘制的电路原理图如图 9 - 15 所示。

　　5. 电源和地等终端的选取和放置

　　单击图 9 - 16 所示的工具按钮 "⬛"，然后在右侧的列表选项中单击电源 POWER（默认＋5V）或地 GROUND，在原理图中需要的地方单击即可放置电源或地。

　　6. 元件属性值的修改

　　双击元件，在弹出的如图 9 - 17 所示的对话框中修改元件相应属性值后，单击 "OK" 即可。也可以直接双击元件的属性值，在弹出的对话框中修改即可。

　　利用属性分配工具可批量修改元件属性。例如，将 8 个限流电阻的参数值一次修改成

图 9 - 15　总线方式绘制的电路原理图

330Ω。方法是先选中这 8 个电阻，单击键盘字母"A"，在弹出的对话框（见图 9 - 14）的 String 栏中输入 VALUE＝330，单击"OK"即可。

7. 其他操作

默认情况下，放置元件后有个"TEXT"属性。去掉元件"TEXT"属性的方法是：单击菜单项"Template- Set Design Defaults..."，将弹出的对话框中"Show Hid- den Text?"后面的选项勾去即可。

原理图编辑窗口画面的缩放。通过工具按钮 ，可以完成画面的缩放；也可以通过鼠标的前滚放大画面（以鼠标为中心），后滚缩小画面。

图 9 - 16　绘制电源和地

图 9 - 17　元件属性编辑对话框

选择菜单项"System-Set Sheet Sizes..."，设置原理图编辑窗口绘制区域尺寸大小。

六、实验参考应用程序

实验参考应用程序代码清单：

```
1  #include <reg51.h>
2  main()
3  {
4          unsigned char i,k,temp;
5          temp = 0xfe;
6          while(1)
7          {
8                  P2 = temp;
9                  if(temp == 0xff)
10                 temp = (temp<<1);
11                 else
12                 temp = (temp<<1) + 1;
13                 for (i = 0;i<200;i++)
14                 for (k = 0;k<100;k++);
15         }
16 }
```

七、系统调试

1. 加载目标代码

双击 Proteus 电路中的单片机 AT89C52，弹出如图 9 - 18 所示的窗口。根据图中的操作提示，向单片机中添加编译时生成的目标文件"∗.hex"。

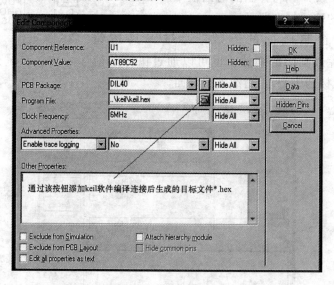

图 9 - 18   向 Protues 单片机中加载 ∗.hex 目标文件

2. 运行程序

单击 Proteus 软件左下角的仿真工具栏"▶ ▮▶ ▮▮ ▮▮"中的运行按钮"▶"开

始仿真。单片机上电运行后,D5 先点亮,其他灯不亮,1s 后 D5 熄灭,D6 点亮,以此顺序每隔 1s 轮流点亮各灯。只要仿真过程不结束,D5~D12 就会循环逐个点亮。

3. 系统调试

如果程序运行的结果没有达到预期效果,说明设计过程中存在问题。这时应首先检查硬件电路设计是否正确,特别是元件的参数值设置是否合适。硬件电路检查完毕后,如果还没达到预期效果,说明程序可能存在问题,然后再设法通过调试程序查找错误所在。

用户可以通过 Keil 软件和 Proteus 软件联调来查找程序的错误,联调的方法是:

(1) 安装 Keil 和 Proteus 软件联调驱动程序。

(2) 单击 Keil 软件菜单 "Project-Options for Target 'Exp1'",在弹出的窗口中按照图 9-19 的方法进行设置。

图 9-19 系统联调时 Keil 软件设置

(3) 单击 Proteus 菜单软件 "Debug-Use Remote Debug Monitor",勾选远程监控项,如图 9-20 所示。

图 9-20 系统联调时 Proteus 软件设置

（4）通过上述设置后，启动 Keil 软件调试，计算机就会自动启动 Proteus 软件。这样在 Keil 软件中每调试一步，在 Proteus 软件中就显示程序运行到当前的结果。通过这种联调可以方便快捷地找出程序中的错误。上述过程就相当于在用单片机的硬件仿真器调试程序。

实验二　定时器实验

一、实验目的
学习 Proteus 软件和 Keil 软件联调的方法以及单片机定时器和中断的应用。

二、实验内容
用单片机定时器定时 1s，并使用 LED 数码管动态顺序显示 00～09。每隔 10s，另外两个不同颜色的发光二极管交替显示。试利用 Proteus 软件，设计系统仿真用的电路原理图；利用 Keil 软件，编写系统应用程序；调试系统的软硬件，实现系统的功能。

三、实验预习要求
（1）预习 AT89C52 单片机中断系统的结构和工作原理。
（2）预习 AT89C52 单片机定时器的结构和工作原理。

四、实验参考硬件电路
定时器实验参考硬件电路原理图如图 9-21 所示。P2.0～P2.3 为数码管的位选控制端口，P3 端口通过 74HC573 芯片控制数码管的段选端口，P0.0 和 P0.1 端口控制两个 LED 指示灯（D1、D2）。

五、实验参考应用程序
实验参考应用程序代码清单：

```
1  # include <reg52. h>
2  char code tamble[ ] = {0x3f,0x06,0x5b,0x4f,0x66,0x6d,0x7d,0x07,0x7f,0x6f};
3  sbit D7 = P1^6;
4  sbit D6 = P1^7;
5  unsigned int a, num, shi, ge, c, b, n, x = 1;
6  void delay(unsigned int i)
7  {
8    int j;
9    for(i; i > 0; i − −)
     //注意:delay 的时间不能太长,不然会使程序无法进入中断
10     for(j = 20; j > 0; j − −);
11 }
12 void init()
13 {
14   TMOD = 0x01;
15       TH0 = (65536 − 50000)/256;
16   TL0 = (65536 − 50000) % 256;
17   EA = 1;
18   ET0 = 1;
19   TR0 = 1;
```

图 9 - 21 定时器实验参考硬件电路原理图

```
20 }
21 void xs(unsigned int m)
22 {
23   shi = 0;
24   ge = m;
25   D7 = 1;
26   D6 = 1;
27   P3 = ~ tamble[ shi];
28    D7 = 0;
29   D6 = 1;
30   P2 = 0X44;
31   delay(10);
32   P2 = 0;
33   D7 = 1;
34   D6 = 1;
35   P3 = ~ tamble[ge];
36   D7 = 0;
37   P2 = 0X88;
38   delay(1);
39   P2 = 0;
40 }
41 void main()
42 {
43   a = num = shi = ge = c = b = n = 0;
44   init();
45   {
46       while(1)
47       {
48         if(x % 2 == 0) P0 = 1;
49         else P0 = 2;
50                 if(a == 20)
51                 { if(num == 9) x ++ ;
52             num ++ ;
53                 a = 0;
54                 if(num == 10)
55                 num = 0; }
56                 xs(num);
57                 }
58         }}
59 void exit() interrupt 1
60 {
61    TH0 = (65536 - 50000)/256;
62    TL0 = (65536 - 50000) % 256;
```

```
63   a++;
64   b++;
65 }
```

六、系统调试

加载目标代码文件"∗.hex"到单片机中,单击软件运行按钮"▶"开始仿真。单片机上电运行后,显示器后面两位会显示"00"字样,每过 1s,显示的内容就会变化一次,依次显示为"01"、"02"等字样,直到显示"09"字样后又从"00"循环显示。与此同时两个 LED 灯每隔 10s 轮流点亮一次。

实验三　蜂鸣器驱动实验

一、实验目的

利用单片机的 I/O 端口控制蜂鸣器的发声。

二、实验内容

利用单片机的 I/O 端口,实现通过按键来控制蜂鸣器响停。试利用 Proteus 软件,设计系统仿真用的电路原理图;利用 Keil 软件,编写系统应用程序;调试系统的软硬件,实现系统的功能。

三、实验预习要求

(1) 了解蜂鸣器工作原理。

(2) 掌握通过按键控制蜂鸣器的原理。

四、实验参考硬件电路

蜂鸣器驱动实验参考硬件电路原理图如图 9-22 所示。用 NPN 三极管驱动蜂鸣器,仿真时蜂鸣器属性中的工作电压由默认的 12V 调整到 4V 左右。

五、实验参考应用程序

实验参考应用程序代码清单:

```
1  #include<reg52.h>
2  sbit fengming = P2^7;
3  sbit key1 = P2^4;
4  void main()
5  {
6      fengming = 0;
7      while(1)
8      {
9              if(key1 == 1)
10                 fengming = 1;
11             else
12                 fengming = 0;
13      }
14  }
```

图 9 - 22　蜂鸣器驱动实验参考硬件电路原理图

六、系统调试

加载目标代码文件"∗. hex"到单片机中。系统仿真运行时，按下按钮后，蜂鸣器持续发声；释放按钮后，蜂鸣器停止发声。

实验四　数码管显示实验

一、实验目的

（1）通过实验学习使用单片机的 I/O 端口控制外围设备的方法。

（2）了解数码管的显示控制原理及编程方法。

二、实验内容

利用 AT89C52 单片机的 I/O 端口，控制数码管显示数字"0123"。试利用 Proteus 软件，设计系统仿真用的电路原理图；利用 Keil 软件，编写系统应用程序；调试系统的软硬件，实现系统的功能。

三、实验预习要求

（1）了解共阳极数码管与共阴极数码管的区别。

（2）了解 LED 数码管显示控制方法。

四、实验参考硬件电路

数码管显示实验参考硬件电路原理图如图 9 - 23 所示，两片锁存器 74HC573 芯片分别控制四位动态显示结构的数码管位选端口和段选端口。

五、实验参考应用程序

实验参考应用程序代码清单：

```
 1 #include<reg52. h>
 2 #define uchar unsigned char
 3 #define uint unsigned int
 4 sbit dula = P2^6;                //申明锁存器锁存端
 5 sbit wela = P2^7;
 6 uchar code table[ ] =            //段选数据
 7 {0x3f,0x06,0x5b,0x4f,0x66,0x6d,0x7d,0x07,0x7f,0x6f,0x77,0x7c,0x39,
 8 0x5e,0x79,0x71};
 9 uchar code table1[ ] =          //位选数据
10 {0xfe,0xfd,0xfb,0xf7};
11 void delay(uint xms)
12 {
13        uint i,j;
14          for(i = xms;i>0;i--)
15           for(j = 110;j>0;j--);
16 }
17 void main()
18 {
19      while(1)
20    {
```

图 9 - 23 数码管显示实验参考硬件电路原理图

```
21          wela = 1;
22          P0 = table1[0];      //送位选数据
23          wela = 0;
24          P0 = 0xff;           //消影
25          dula = 1;
26          P0 = table[0];       //送段选数据
27          dula = 0;
28          delay(10);
29          wela = 1;
30          P0 = table1[1];      //送位选数据
31          wela = 0;
32          P0 = 0xff;           //消影
33          dula = 1;
34          P0 = table[1];       //送段选数据
35          dula = 0;
36          delay(10);
37          wela = 1;
38          P0 = table1[2];      //送位选数据
39          wela = 0;
40          P0 = 0xff;           //消影
41          dula = 1;
42          P0 = table[2];       //送段选数据
43          dula = 0;
44          delay(10);
45          wela = 1;
46          P0 = table1[3];      //送位选数据
47          wela = 0;
48          P0 = 0xff;           //消影
49          dula = 1;
50          P0 = table[3];       //送段选数据
51          dula = 0;
52          delay(10);
53          }
54 }
```

六、系统调试

加载目标代码文件"∗.hex"到单片机中，单击软件运行按钮" ▶ "开始仿真。单片机上电后显示器会显示"0123"字样，修改程序中需要显示的数据，显示器也会随之改变显示内容。

实验五　液晶屏显示实验

一、实验目的

学习 LCD1602 显示模块的显示方法。

二、实验内容

利用 AT89C52 单片机使 LCD1602 能显示湿度测量值和设定值。试利用 Proteus 软件，设计系统仿真用的电路原理图；利用 Keil 软件，编写系统应用程序；调试系统的软硬件，实现系统的功能。

三、实验预习要求

了解 LCD 液晶显示屏的工作原理。

四、实验参考硬件电路

液晶屏显示实验参考硬件电路原理图如图 9-24 所示，LED1602 通过 P0 端口传输数据。

图 9-24　液晶屏显示实验参考硬件电路原理图

五、实验参考应用程序

实验参考应用程序代码清单：

```
1 #include<reg52.h>
2 #define uchar unsigned char
3 #define uint unsigned int
4 uchar code table[] = "SET RH:20%";        //液晶固定显示部分
5 uchar code table1[] = "NOW RH:21%";
6 sbit lcden = P3^4;                        //液晶使能端
7 sbit lcdrs = P3^5;                        //液晶数据命令选择端
8 uchar num;
9 //延迟子程序
10 void delayms(uint xms)
11 {
12      uint i,j;
13      for(i=xms;i>0;i--)                   //延迟 x(ms)
14          for(j=110;j>0;j--);
```

```
15 }
16 //液晶写命令程序
17 void write_com(uchar com)
18 {
19         lcdrs = 0;
20         P0 = com;
21         delayms(5);
22         lcden = 1;
23         delayms(5);
24         lcden = 0;
25 }
26 //液晶写数据程序
27 void write_data(uchar date)
28 {
29         lcdrs = 1;
30         P0 = date;
31         delayms(5);
32         lcden = 1;
33         delayms(5);
34         lcden = 0;
35 }
36 //液晶初始化
37 void LCD_initi()
38 {
39         lcden = 0;
40         write_com(0x38);      //设置16*2显示,5*7点阵,8位数据端口
41         write_com(0x0c);      //设置开显示,不显示光标
42         write_com(0x06);      //写一个字符后地址指针加1
43         write_com(0x01);      //显示清0,数据指针清0
44 }
45 void main()
46 {
47     LCD_initi();
48     write_com(0x80);         //液晶固定显示部分的第一行
49     for(num = 0;num<10;num + + )
50     {
51             write_data(table[num]);
52             delayms(5);
53     }
54     write_com(0x80 + 0x40);  //液晶固定显示部分的第二行
55     for(num = 0;num<10;num + + )
56     {
57             write_data(table1[num]);
```

```
58          delayms(5);
59      }
60      while(1)
61      {
62      }
63}
```

六、系统调试

加载目标代码文件"＊.hex"到单片机中，单击软件运行按钮"▶"开始仿真。单片机上电后 LCD 显示器显示如下内容：第一行显示"SET RH：20％"，第二行显示"NOW RH：21％"。显示器具体显示的湿度值会随着设定值和实测值不同而改变。

实验六　电子万年历显示实验

一、实验目的

学习专用时钟芯片 DS1302 显示年、月、日、时、分、秒的方法。

二、实验内容

采用 AT89C52 单片机作为系统的控制模块，DS1302 作为时钟模块，LCD 作为显示模块，显示年、月、日、时、分、秒等，并可以用键盘预置日期、时间、闹钟和切换显示内容等。试利用 Proteus 软件，设计系统仿真用的电路原理图；利用 Keil 软件，编写系统应用程序；调试系统的软硬件，实现系统的功能。

三、实验预习要求

（1）了解单片机内部定时器、I/O 端口、中断结构及原理。

（2）了解专用时钟芯片 DS1302，并学会用 DS1302 芯片开发时钟模块，显示年、月、日、时、分、秒等。

四、实验参考硬件电路

电子万年历显示实验参考硬件电路原理图如图 9 - 25 所示，DS1302 为时钟芯片，晶振频率为 32.768kHz。LCD1602 通过 P0 端口传输数据，P2.4、P2.5 和 P2.6 分别为 LCD1602 三个控制引脚。P3.0～P3.4 端口读取 5 个按钮的状态。

五、实验参考应用程序

实验参考应用程序代码清单：

```
1 #include<reg52.h>
2 #include<intrins.h>
3 #define uchar unsigned char
4 #define uint unsigned int
5 #define  LCDIO P0
6 sbit rs = P2^4;
7 sbit rd = P2^5;
8 sbit lcden = P2^6;
9 uchar second,minute,hour,day,month,year,week,count = 0;
10 uchar ReadValue,num;
```

图 9 – 25 电子万年历显示实验参考硬件电路原理图

```
11 uchar tflag;
12 uchar code table[ ] = {" 2010 - 11 - 29 MON"};
13 uchar code table1[ ] = {" 15:45:00        "};
14 uchar code table2[ ] = "THUFRISATSUNMONTUEWES";
15 uchar data disdata[5];
16 sbit DATA = P1^1;              //时钟数据接口
17 sbit RST = P1^0;
18 sbit SCLK = P1^2;
19 sbit menu = P3^0;             //菜单
20 sbit add = P3^1;              //加 1
21 sbit dec = P3^2;              //减 1
22 void delay(uint z)
23 {
24     uint x, y;
25     for(x = z; x > 0; x - - )
26      for(y = 110; y > 0; y - - );
27 }
28 void delay1(uint z)
29 {
30     for(; z > 0; z - - );
31 }
32 void write_com(uchar com)
33 {
34       rs = 0;
35       rd = 0;
36       lcden = 0;
37       P0 = com;
38       delay(20);
39       lcden = 1;
40       delay(10);
41       lcden = 0;
42 }
43 void write_date(uchar date)
44 {
45       rs = 1;
46       rd = 0;
47       lcden = 0;
48       P0 = date;
49       delay(20);
50       lcden = 1;
51       delay(10);
52       lcden = 0;
53 }
```

```
54 void init()
55 {
56        uchar num;
57        lcden = 0;
58        write_com(0x38);
59        write_com(0x0c);
60        write_com(0x06);
61        write_com(0x01);
62        delay(5);
63        write_com(0x80);
64        for(num = 0;num<15;num + +)
65           {
66                   write_date(table[num]);
67                   delay(5);
68           }
69        write_com(0x80 + 0x40);
70        for(num = 0;num<16;num + +)
71           {
72                   write_date(table1[num]);
73                   delay(5);
74           }
75 }
76 void Write1302(uchar dat)
77 {
78        uchar i;
79        SCLK = 0;                       //拉低 SCLK,为脉冲上升沿写入数据做好准备
80        delay1(2);                      //稍微等待,使硬件做好准备
81        for(i = 0;i<8;i + +)            //连续写 8 个二进制位数据
82           {
83                   DATA = dat&0x01;     //取出 dat 的第 0 位数据写入 1302
84                   delay1(2);           //稍微等待,使硬件做好准备
85                   SCLK = 1;            //上升沿写入数据
86                   delay1(2);           //稍微等待,使硬件做好准备
87                   SCLK = 0;            //重新拉低 SCLK,形成脉冲
88                   dat>> = 1;           //将 dat 的各数据位右移 1 位,准备写入下一个数据位
89           }
90 }
91 void WriteSet1302(uchar Cmd,uchar dat)
92 {
93        RST = 0;                        //禁止数据传递
94        SCLK = 0;                       //确保写数据前 SCLK 被拉低
95        RST = 1;                        //启动数据传输
96        delay1(2);                      //稍微等待,使硬件做好准备
```

```
97          Write1302(Cmd);                  //写入命令字
98          Write1302(dat);                  //写数据
99          SCLK = 1;                        //将时钟电平置于已知状态
100          RST = 0;                        //禁止数据传递
101 }
102 uchar Read1302(void)
103 {
104     uchar i,dat;
105     delay(2);                            //稍微等待,使硬件做好准备
106     for(i = 0;i<8;i + + )                //连续读8个二进制位数据
107     {
108         dat>> = 1;                       //将 dat 的各数据位右移1位,因为先读出的是字节的
                                                  最低位
109         if(DATA == 1)                    //如果读出的数据是1
110         dat| = 0x80;                     //将1取出,写在 dat 的最高位
111         SCLK = 1;                        //将 SCLK 置于高电平,为下降沿读出
112         delay1(2);                       //稍微等待
113         SCLK = 0;                        //拉低 SCLK,形成脉冲下降沿
114         delay1(2);                       //稍微等待
115     }
116         return dat;                      //将读出的数据返回
117 }
118 uchar   ReadSet1302(uchar Cmd)
119 {
120     uchar dat;
121     RST = 0;                             //拉低 RST
122     SCLK = 0;                            //确保写数据前 SCLK 被拉低
123     RST = 1;                             //启动数据传输
124     Write1302(Cmd);                      //写入命令字
125     dat = Read1302();                    //读出数据
126     SCLK = 1;                            //将时钟电平置于已知状态
127     RST = 0;                             //禁止数据传递
128     return dat;                          //将读出的数据返回
129 }
130 void Init_DS1302(void)
131 {
132 WriteSet1302(0x8E,0x00);   /*据写状态寄存器命令字,写入不保护指令*/
133 WriteSet1302(0x80,((0/10)<<4|(0%10)));   /*根据写秒寄存器命令字,写入秒的初始值*/
134 WriteSet1302(0x82,((45/10)<<4|(45%10)));  /*根据写分寄存器命令字,写入分的初始值*/
135 WriteSet1302(0x84,((15/10)<<4|(15%10)));  /*根据写小时寄存器命令字,写入小时的初始
                                                值*/
136 WriteSet1302(0x86,((29/10)<<4|(29%10)));  /*根据写日寄存器命令字,写入日的初始值*/
137 WriteSet1302(0x88,((11/10)<<4|(11%10)));  /*根据写月寄存器命令字,写入月的初始值*/
```

```
138        WriteSet1302(0x8c,((10/10)<<4|(10%10)));    //年
139        WriteSet1302(0x8a,((4/10)<<4|(4%10)));
140 }
141 void DisplaySecond(uchar x)
142 {
143        uchar i,j;
144        i=x/10;
145        j=x%10;
146        write_com(0xc7);
147        write_date(0x30+i);
148        write_date(0x30+j);
149 }
150 void DisplayMinute(uchar x)
151 {
152        uchar i,j;
153        i=x/10;
154        j=x%10;
155        write_com(0xc4);
156        write_date(0x30+i);
157        write_date(0x30+j);
158 }
159 void DisplayHour(uchar x)
160 {
161        uchar i,j;
162        i=x/10;
163        j=x%10;
164        write_com(0xc1);
165        write_date(0x30+i);
166        write_date(0x30+j);
167 }
168 void DisplayDay(uchar x)
169 {
170        uchar i,j;
171        i=x/10;
172        j=x%10;
173        write_com(0x89);
174        write_date(0x30+i);
175        write_date(0x30+j);
176 }
177 void DisplayMonth(uchar x)
178 {
179        uchar i,j;
180        i=x/10;
```

```c
181            j = x % 10;
182            write_com(0x86);
183            write_date(0x30 + i);
184            write_date(0x30 + j);
185 }
186 void DisplayYear(uchar x)
187 {
188            uchar i, j;
189            i = x/10;
190            j = x % 10;
191            write_com(0x83);
192            write_date(0x30 + i);
193            write_date(0x30 + j);
194 }
195 void DisplayWeek(uchar x)
196 {
197            uchar i;
198            x = x * 3;
199            write_com(0x8c);
200            for(i = 0; i<3; i + + )
201            {
202                       write_date(table2[x]);
203                       x + + ;
204            }
205 }
206 void   read_date(void)
207 {
208     ReadValue = ReadSet1302(0x81);
209     second = ((ReadValue&0x70)>>4) * 10 + (ReadValue&0x0F);
210     ReadValue = ReadSet1302(0x83);
211     minute = ((ReadValue&0x70)>>4) * 10 + (ReadValue&0x0F);
212     ReadValue = ReadSet1302(0x85);
213     hour = ((ReadValue&0x70)>>4) * 10 + (ReadValue&0x0F);
214     ReadValue = ReadSet1302(0x87);
215     day = ((ReadValue&0x70)>>4) * 10 + (ReadValue&0x0F);
216     ReadValue = ReadSet1302(0x89);
217     month = ((ReadValue&0x70)>>4) * 10 + (ReadValue&0x0F);
218     ReadValue = ReadSet1302(0x8d);
219     year = ((ReadValue&0x70)>>4) * 10 + (ReadValue&0x0F);
220     ReadValue = ReadSet1302(0x8b);                          //读星期
221     week = ReadValue&0x07;
222     DisplaySecond(second);
223     DisplayMinute(minute);
```

```
224      DisplayHour(hour);
225      DisplayDay(day);
226      DisplayMonth(month);
227      DisplayYear(year);
228      DisplayWeek(week);
229  }
230  void turn_val(char newval,uchar flag,uchar  newaddr,uchar s1num)
231  {
232      newval = ReadSet1302(newaddr);                    //读取当前时间
233      newval = ((newval&0x70)>>4) * 10 + (newval&0x0f);  //将 BCD 码转换成十进制
234      if(flag)                                          //判断是加 1 还是减 1
235         {
236         newval++;
237           switch(s1num)
238           {
239                 case 1: if(newval>99) newval = 0;
240                                       DisplayYear(newval);
241                                         break;
242                 case 2: if(newval>12) newval = 1;
243                                       DisplayMonth(newval);
244                                         break;
245                 case 3: if(newval>31) newval = 1;
246                                       DisplayDay(newval);
247                                         break;
248                 case 4: if(newval>6) newval = 0;
249                                       DisplayWeek(newval);
250                                         break;
251                 case 5: if(newval>23) newval = 0;
252                                       DisplayHour(newval);
253                                         break;
254                 case 6: if(newval>59) newval = 0;
255                                       DisplayMinute(newval);
256                                         break;
257                 case 7: if(newval>59) newval = 0;
258                                       DisplaySecond(newval);
259                                         break;
260                 default:break;
261         }
262         }
263        else
264        {
265           newval--;
266           switch(s1num)
```

```
267          {
268              case 1: if(newval == 0) newval = 99;
269                              DisplayYear(newval);
270                                 break;
271              case 2: if(newval == 0) newval = 12;
272                              DisplayMonth(newval);
273                                 break;
274              case 3: if(newval == 0) newval = 31;
275                              DisplayDay(newval);
276                                 break;
277              case 4: if(newval<0) newval = 6;
278                              DisplayWeek(newval);
279                                 break;
280              case 5: if(newval<0) newval = 23;
281                              DisplayHour(newval);
282                                 break;
283              case 6: if(newval<0) newval = 59;
284                              DisplayMinute(newval);
285                                 break;
286              case 7: if(newval<0) newval = 59;
287                              DisplaySecond(newval);
288                                 break;
289          default:break;
290                  }
291      }
292 WriteSet1302((newaddr-1),((newval/10)<<4)|(newval%10)); /* 将新数据写入寄存器 */
293  }
294 //键盘扫描程序
295 /*******************************************/
296 void key_scan(void)
297 {
298      uchar miao, s1num = 0;
299      if(menu == 0)
300  {
301      delay(5);
302          if(menu == 0)
303          {
304              while(!menu);
305              s1num + + ;
306              while(1)
307              {
308                      if(menu == 0)
309                      {
```

```
310              delay(5);
311                  if(menu == 0)
312                     {
313                         while(!menu);
314                             s1num + + ;
315                     }
316              }
317          rd = 0;
318          miao = ReadSet1302(0x81);
319          second = miao;
320          WriteSet1302(0x80, miao|0x80);
321          write_com(0x0f);                     //光标闪射
322          if(s1num == 1)
323              {
324                  year = ReadSet1302(0x8d);
325                  write_com(0x80 + 4);        //年光标
326                  if(add == 0)
327                     {
328                         delay(3);
329                         if(add == 0)
330                         {
331                             while(!add);
332                             turn_val(year, 1, 0x8d, 1);
333                         }
334                     }
335                  if(dec == 0)
336                     {
337                         delay(3);
338                         if(dec == 0)
339                         {
340                             while(!dec);
341                             turn_val(year, 0, 0x8d, 1);
342                         }
343                     }
344              }
345          if(s1num == 2)
346              {
347                  month = ReadSet1302(0x89);
348                  write_com(0x80 + 7);        //月光标
349                  if(add == 0)
350                     {
351                         delay(3);
352                         if(add == 0)
```

```
353                              {
354                                  while(!add);
355                                  turn_val(month,1,0x89,2);
356                              }
357                          }
358                      if(dec == 0)
359                      {
360                          delay(3);
361                          if(dec == 0)
362                          {
363                              while(!dec);
364                              turn_val(month,0,0x89,2);
365                          }
366                      }
367                  }
368              if(s1num == 3)
369              {
370                  day = ReadSet1302(0x87);
371                  write_com(0x80 + 10);              //日光标
372                  if(add == 0)
373                  {
374                      delay(3);
375                      if(add == 0)
376                      {
377                          while(!add);
378                          turn_val(day,1,0x87,3);
379                      }
380                  }
381                  if(dec == 0)
382                  {
383                      delay(3);
384                      if(dec == 0)
385                      {
386                          while(!dec);
387                          turn_val(day,0,0x87,3);
388                      }
389                  }
390              }
391              if(s1num == 4)
392              {
393                  week = ReadSet1302(0x8b);
394                  write_com(0x80 + 14);      //星期光标
395              if(add == 0)
```

```
396                        {
397                            delay(3);
398                            if(add == 0)
399                             {
400                                while(!add);
401                                turn_val(week,1,0x8b,4);
402                             }
403                         }
404                        if(dec == 0)
405                         {
406                            delay(3);
407                            if(dec == 0)
408                             {
409                               while(!dec);
410                               turn_val(week,0,0x8b,4);
411                              }
412                          }
413                      }
414                    if(s1num == 5)
415                    {
416                        hour = ReadSet1302(0x85);
417                        write_com(0x80 + 0x40 + 2); //时光标
418                        if(add == 0)
419                        {
420                        delay(3);
421                        if(add == 0)
422                         {
423                           while(!add);
424                           turn_val(hour,1,0x85,5);
425                          }
426                        }
427                        if(dec == 0)
428                         {
429                            delay(3);
430                            if(dec == 0)
431                         {
432                            while(!dec);
433                            turn_val(hour,0,0x85,5);
434                        }
435                      }
436                    }
437                  if(s1num == 6)                        //调时间分
438                    {
```

```
439                          minute = ReadSet1302(0x83);
440                          write_com(0x80 + 0x40 + 5);
441                          if(add == 0)
442                          {
443                              delay(5);
444                              if(add == 0)
445                              {
446                                  while(!add);
447                                  turn_val(minute, 1, 0x83, 6);
448                              }
449                          }
450                          if(dec == 0)
451                          {
452                              delay(3);
453                              if(dec == 0)
454                              {
455                                  while(!dec);
456                                  turn_val(minute, 0, 0x83, 6);
457                              }
458                          }
459                      }
460                      if(s1num == 7)                   //调时间秒
461                      {
462                          second = ReadSet1302(0x81);
463                          write_com(0x80 + 0x40 + 8); //秒光标
464                          if(add == 0)
465                          {
466                              delay(3);
467                              if(add == 0)
468                              {
469                                  while(!add);
470                                  if(second == 0x60)
471                                  second = 0x00;
472                                  turn_val(second, 1, 0x81, 7);
473                              }
474                          }
475                          if(dec == 0)
476                          {
477                              delay(3);
478                              if(dec == 0)
479                              {
480                                  while(!dec);
481                                  turn_val(second, 0, 0x81, 7);
```

```
482                                   }
483                                 }
484                               }
485                     if(s1num == 8)
486                       {
487                               miao = ReadSet1302(0x81);
488                               second = miao;
489                               WriteSet1302(0x80,second&0x7f);
490                               s1num = 0;        //s1num 清零
491                               write_com(0x0c); //光标不闪烁
492                               break;
493                       }
494                   }
495                 }
496             }
497 }
498 void main()
499 {
500     init();
501     Init_DS1302();                          //将 1302 初始化
502     while(1)
503     {
504         read_date();
505         key_scan();
506     }
507 }
```

六、系统调试

加载目标代码文件 "＊.hex" 到单片机中，单击软件运行按钮▶开始仿真。单片机上电运行后 LCD 显示器第一行显示日期信息，如 "2010-11-29　MON"，第二行显示时间，如 "15：45：60"。

实验七　直流电机控制实验

一、实验目的
学习电机驱动芯片驱动直流电机的控制方法。

二、实验内容
利用电机控制专用芯片 L298N 控制电机正反转及停止。试利用 Proteus 平台，设计系统仿真用的电路原理图；利用 Keil 平台，编写应用程序；通过系统联调实现系统功能；通过系统联调实现系统功能。

三、实验预习要求
（1）了解电机驱动芯片 L298N 的工作原理。

（2）了解直流电机的工作原理。

四、实验参考硬件电路

直流电机实验参考硬件电路原理图如图 9-26 所示。三个按键控制两个直流电机。第一个按下时，两个电机同时正转，按下第二个时，两个电机同时反转，按下第三个时，两个电机同时停止。

五、实验参考应用程序

实验参考应用程序代码清单：

```
1  #include <reg52.h>
2  sbit IN1 = P3^4;
3  sbit IN2 = P3^5;
4  sbit IN3 = P3^6;
5  sbit IN4 = P3^7;
6  sbit ENA = P1^2;
7  sbit ENB = P1^3;
8  sbit key0 = P1^4;
9  sbit key1 = P1^5;
10 sbit key2 = P1^6;
11 #define uchar unsigned char
12 unsigned int pwm_H;
13 unsigned int pwm_L;
14 /*********** 初始函数函数 *******************************/
15 /* 说明:初始化系统,调用速度设置函数前请先初始化 */
16 void delay(uchar x)
17 {uchar i,j;
18 for(i=x;i>0;i--)
19 for(j=110;j>0;j--);}
20 /*********** 速度设置函数 *******************************/
21 /* 说明:左转设置函数 */
22 void TurnLeft()
23 {
24          IN1 = 0;
25          IN2 = 1;
26          IN3 = 0;
27          IN4 = 1;
28 }
29 /*********** 速度设置函数 *******************************/
30 /* 说明:右转设置函数 */
31 void TurnRight()
32 {
33          IN1 = 1;
34          IN2 = 0;
35          IN3 = 1;
```

图 9 - 26 直流电机实验参考硬件电路原理图

```
36              IN4 = 0;
37 }
38 void Stop()
39 {
40              IN1 = 1;
41          IN2 = 1;
42              IN3 = 1;
43 IN4 = 1;
44 }
45 /************ 电机使能 ******************************** /
46 / * 说明:右转设置函数 * /
47 void MotorGo()
48 {
49              ENA = 1;
50              ENB = 1;
51 }
52   void MotorGo1()
53 {
54 ENA = 1;
55              ENB = 1;
56              }
57          void MotorGo2()
58 {
59 ENA = 1;
60 ENB = 1;
61              }
62 / * 说明:主函数 * /
63 void main()
64 {
65              while(1)
66      {
67          if(key0 == 0)              //正转
68        {
69          delay(10);
70          if(key0 == 0)
71        {
72      MotorGo();
73          TurnLeft();
74      }
75        }
76          if(key1 == 0)              //反转
77          {
78          delay(10);
```

```
79              if(key1 == 0)
80              {
81          MotorGo1();
82              TurnRight() ;
83          }
84          }
85          if(key2 == 0)                //停止
86          {
87          delay(10);
88              if(key2 == 0)
89          {
90          MotorGo2();
91              Stop();
92          }
93          }
94          }
95      }
```

六、系统调试

加载目标代码文件"＊.hex"到单片机中，单击软件运行按钮▶开始仿真。要求按下顺时针旋转按钮后电动机开始正转，按下停止按钮后电动机停转，按下逆时针旋转按钮后电动机开始反转。

实 验 八 温 度 显 示 实 验

一、实验目的

通过温度传感器 DS18B20 实现温度的测量。

二、实验内容

单片机读取温度传感器 DS18B20 测量的环境温度，并用 LCD1602 显示。试利用 Proteus 软件，设计系统仿真用的电路原理图；利用 Keil 软件，编写系统应用程序；调试系统的软硬件，实现系统的功能。

三、实验预习要求

(1) 了解 DS18B20 的工作原理。

(2) 了解 LCD 液晶显示屏的显示方法。

四、实验参考硬件电路

温度显示实验参考硬件电路原理图如图 9-27 所示，DS18B20 为数字温度传感器，通过 P3.3 传感采集数据；LCD1602 通过 P0 口传输数据，P2.0～P2.2 控制 LCD1602 的控制端。

五、实验参考应用程序

实验八的参考应用程序代码清单：

```
1  # include <reg52. h>
2  # include <intrins. h>
```

图 9 - 27　温度显示实验参考硬件电路原理图

```
3  #define uint unsigned int
4  #define uchar unsigned char
5  #define delay4us() {_nop_();_nop_();_nop_();_nop_();}
       /*12MHz 系统频率下 延时 4μs*/
6  sbit DQ = P3^3;
7  sbit LCD_RS = P2^0;
8  sbit LCD_RW = P2^1;
9  sbit LCD_EN = P2^2;
10 uchar code Temp_Disp_Title[] = {"Current Temp : "};        //1602 液晶第一行显示内容
11 uchar Current_Temp_Display_Buffer[] = {" TEMP:        "};
    /*1602 液晶第二行显示内容 */
12 uchar code df_Table[] = { 0,1,1,2,3,3,4,4,5,6,6,7,8,8,9,9 }; //温度小数位对照表
13 uchar CurrentT = 0;                                        //当前读取的温度整数部分
14 uchar Temp_Value[] = {0x00,0x00};                          //从 DS18B20 读取的温度值
15 uchar Display_Digit[] = {0,0,0,0};                         //待显示的各温度数位
16 bit DS18B20_IS_OK = 1;                                     //DS18B20 正常标志
17 void DelayXus(uint x)                                      //延时 1s
18 {
19     uchar i;
20     while(x--)
21       {
22       for(i=0;i<200;i++);
23       }
24 }
25 bit LCD_Busy_Check()                                       //LCD 忙标志,返回值为 1602LCD
                                                              //  的忙标志位,为 1 表示忙
26 {
27     bit result;
28     LCD_RS = 0;
29     LCD_RW = 1;
30     LCD_EN = 1;
31     delay4us();
32     result = (bit)(P0&0x80);
33     LCD_EN = 0;
34     return result;
35 }
36 void Write_LCD_Command(uchar cmd)                          //1602LCD 写指令函数
37 {
38   while(LCD_Busy_Check());
39     LCD_RS = 0;
40     LCD_RW = 0;
41     LCD_EN = 0;
42     _nop_();
43     _nop_();
```

```
44    P0 = cmd;
45    delay4us();
46    LCD_EN = 1;
47    delay4us();
48    LCD_EN = 0;
49 }
50 void Write_LCD_Data(uchar dat)   //1602LCD 写数据函数
51 {
52   while(LCD_Busy_Check());
53    LCD_RS = 1;
54    LCD_RW = 0;
55    LCD_EN = 0;
56    P0 = dat;
57    delay4us();
58    LCD_EN = 1;
59    delay4us();
60    LCD_EN = 0;
61 }
62 void LCD_Initialise()            //1602LCD 初始化
63 {
64    Write_LCD_Command(0x01);
65    DelayXus(5);
66    Write_LCD_Command(0x38);
67    DelayXus(5);
68    Write_LCD_Command(0x0c);
69    DelayXus(5);
70    Write_LCD_Command(0x06);
71    DelayXus(5);
72 }
73 void Set_LCD_POS(uchar pos)      //1602LCD 设置显示位置,2012 年 8 月 13 日星期一
74 {
75    Write_LCD_Command(pos|0x80);
76 }
77 void Delay(uint x)              //延时 2s
78 {
79    while(x--);
80 }
81 uchar Init_DS18B20()           //初始化,或者说复位,DS18B20
82 {
83    uchar status;
84    DQ = 1;
85    Delay(8);
86    DQ = 0;
```

```
87     Delay(90);
88     DQ = 1;
89     Delay(8);
90     status = DQ;
91     Delay(100);
92     DQ = 1;
93     return status;
94  }
95     uchar ReadOneByte()        //从 DS18B20 读一字节数据
96  {
97     uchar i, dat = 0;
98     DQ = 1;
99     _nop_();
100    for( i = 0; i<8; i ++ )
101 {
102      DQ = 0;
103      dat >> = 1;
104      DQ = 1;
105      _nop_();
106      _nop_();
107      if(DQ)
108      dat | = 0X80;
109      Delay(30);
110      DQ = 1;
111 }
112    return dat;
113 }
114 void WriteOneByte(uchar dat) //从 DS18B20 写一字节数据
115 {
116    uchar i;
117    for( i = 0; i<8; i ++ )
118 {
119      DQ = 0;
120      DQ = dat& 0x01;
121      Delay(5);
122      DQ = 1;
123      dat >> = 1;
124 }
125 }
126 void Read_Temperature()        //从 DS18B20 读取温度值
127 {
128    if( Init_DS18B20() == 1)    //DS18B20 故障
129      DS18B20_IS_OK = 0;
```

```
130    else
131  {
132      WriteOneByte(0xcc);                                    //跳过序列号命令
133      WriteOneByte(0x44);                                    //启动温度转换命令
134      Init_DS18B20(); /* 复位 DS18B20 每一次读写之前都要对 DS18B20 进行复位操作 */
135      WriteOneByte(0xcc);                                    //跳过序列号命令
136      WriteOneByte(0xbe);                                    //读取温度寄存器
137      Temp_Value[0] = ReadOneByte();                         //读取温度低 8 位,先读低字节,再读高
                                                                  字节
138      Temp_Value[1] = ReadOneByte();                         //读取温度高 8 位,每次只能读一个字节
139      DS18B20_IS_OK = 1;                                     //DS18B20 正常
140  }
141  }
142  void Display_Temperature()                                 //在 1602LCD 上显示当前温度
143  {
144      uchar i;
145      uchar t = 150, ng = 0;                                 //延时值与负数标志
146    if((Temp_Value[1]&0xf8) == 0xf8)  /* 高字节高 5 位如果全为 1,则为负数,为负数时取反 */
147  {                                                          //加 1,并设置负数标志为 1
148      Temp_Value[1] = ~Temp_Value[1];
149      Temp_Value[0] = ~Temp_Value[0] + 1;
150      if(Temp_Value[0] == 0x00)                              //若低字节进位,则高字节加 1
151      Temp_Value[1] + +;
152      ng = 1;                                                //设置负数标志为 1
153  }
154      Display_Digit[0] = df_Table[Temp_Value[0]& 0x0f];//查表得到温度小数部分
         /* 获取温度整数部分,低字节低 4 位清零,高 4 位右移 4 位 + 高字节高 5 位清零
         低三位左移 4 位 */
155      CurrentT = ((Temp_Value[0]& 0xf0)>>4) | ((Temp_Value[1]& 0x07)<<4);
         /* 将温度整数部分分解为 3 位待显示数字 */
156      Display_Digit[3] = CurrentT/100;
157      Display_Digit[2] = CurrentT%100/10;
158      Display_Digit[1] = CurrentT%10;
         /* 刷新 LCD 缓冲,加字符 0 是为了将待数字转化为字符显示 */
159      Current_Temp_Display_Buffer[11] = Display_Digit[0] + '0';
160      Current_Temp_Display_Buffer[10] = '.';
161      Current_Temp_Display_Buffer[9]  = Display_Digit[1] + '0';
162      Current_Temp_Display_Buffer[8]  = Display_Digit[2] + '0';
163      Current_Temp_Display_Buffer[7]  = Display_Digit[3] + '0';
164    if(Display_Digit[3] == 0)  //高位为 0 时不显示
165      Current_Temp_Display_Buffer[7]  = ' ';
166    if(Display_Digit[2] == 0&&Display_Digit[3] == 0)  /* 高位为 0 且次高位为 0,则次高位不
                                                             显示 */
```

```
167    Current_Temp_Display_Buffer[8]    = '';    //负号显示在恰当位置
168    if(ng)
169 {
170    if(Current_Temp_Display_Buffer[8]    == '')
171    Current_Temp_Display_Buffer[8]    = '-';
172    else if(Current_Temp_Display_Buffer[7]    == '')
173    Current_Temp_Display_Buffer[7]    = '-';
174    else
175    Current_Temp_Display_Buffer[6]    = '-';
176 }
177    Set_LCD_POS(0x00);                          //第一行显示标题
178    for(i = 0;i<16;i + +)
179 {
180    Write_LCD_Data(Temp_Disp_Title[i]);
181 }
182    Set_LCD_POS(0x40);                          //第二行显示当前温度
183    for(i = 0;i<16;i + +)
184 {
185    Write_LCD_Data(Current_Temp_Display_Buffer[i]);
186 }
       /* 显示温度符号 */
187    Set_LCD_POS(0x4d);
188    Write_LCD_Data(0x00);
189    Set_LCD_POS(0x4e);
190    Write_LCD_Data('C');
191 }
192  void main()                                   //主函数
193 {
194    LCD_Initialise();
195    Read_Temperature();
196    Delay(50000);
197    Delay(50000);
198    while(1)
199 {
200    Read_Temperature();
201    if(DS18B20_IS_OK)
202    Display_Temperature();
203    DelayXus(100);
204 }
205 }
```

六、系统调试

加载目标代码文件"＊.hex"到单片机中，单击软件运行按钮开始仿真。LCD 显示器第一行显示提示信息"Current Temp："，第二行显示实时的温度值"TEMP：20.0 C"，实时温度值会随着 DS18B20 温度不同而改变。

实验九　串 口 通 信 实 验

一、实验目的

学习通过 MAX232 芯片进行上位机和下位机之间通信的方法。

二、实验内容

利用 RS232 模块通过串口调试助手发送数据 EE 给单片机并接收单片机发送的数据。试利用 Proteus 平台，和虚拟串口软件及串口调试助手软件设计系统仿真用的电路原理图；利用 Keil 平台，编写应用程序；通过系统联调实现系统功能；通过系统联调实现系统功能。

三、实验预习要求

（1）了解 MAX232 芯片的工作原理。

（2）了解串行口接发数据的工作原理。

四、实验参考硬件电路

串口通信实验参考硬件电路原理图如图 9 - 28 所示，上位机通过 RS - 232 发送数据 EE 给单片机，使得 LED 的 D1 和 D5 点亮。

五、实验参考应用程序

实验参考应用程序代码清单：

```
1   #include<reg52.h>
2   unsigned char flag,a;
3   void main()
4   {
5   TMOD = 0x20;                  //定时器1工作方式2
6   TH1 = 0xfd;                   //装初始值
7   TL0 = 0xfd;
8   TR1 = 1;                      //定时器1运行控制位,置1启动定时器
9   REN = 1;                      //允许串行接收位,置1允许串行口接收数据
10  SM0 = 0;                      //共同决定了串行口工作方式1
11  SM1 = 1;                      //共同决定了串行口工作方式1
12  EA = 1;                       //全局中断允许位,置1打开全局中断
13  ES = 1;                       //串行口中断允许位,置1打开串行口中断
14  while(1)
15      {
16              if(flag == 1)
17              {
18                      ES = 0;        //置0为关闭串行口中断允许位
19                      flag = 0;
20                      SBUF = a;      //调用了接收缓冲器
21                      while(!TI);    //判断是否发送完了数据,发送完了则跳出循环
22                                     //等待它发送完,发送完了置1
23                      TI = 0;        //取消发送中断申请
```

图 9 - 28 串口通信实验参考硬件电路原理图

```
24                          ES = 1;//打开串行口中断
25                    }
26        }
27    }
28 void ser()interrupt 4                //声明串行口中断
29 {
30      RI = 0;                         //关闭接收中断申请
31      P2 = SBUF;                      //把 SBUF 的值赋给 P2 口
32      a = SBUF;                       //SBUF 赋给了发送缓冲器;等号左右决定了 SBUF 是接收数据还
                                          是发送数据
33      flag = 1;                       //说明收到这个数了
34 }
```

六、系统调试

　　加载目标代码文件"＊.hex"到单片机中，单击软件运行按钮开始仿真。在串口调试助手中输入 EE 或者 FF，单击发送，则 proteus 仿真软件中对应的发光二极管点亮或者熄灭。

附　　录

附表 1　　　　　　　　　部分新旧电气元件符号对照表

名称	新符号		旧符号（本书采用符号）	
	文字符号	图形符号	文字符号	图形符号
二极管	VD		D	
发光二极管	VL		D	
开关	S		S，SW	
按钮开关	SB		K	
电池组				
极性电容	C		C	
三极管	VT		Q	
与门				
或非门				

附表 2   **实验开发板元器件清单**

电容、晶振、二极管、三极管（9样）		
原理图文字符号	元器件名称	单个数量
C1，C2	33pF 插件电容	2
C3，C6，C7	104（0.1μF）插件电容	3
C18，C19	20pF 插件电容	2
E1	10μF/25V 插件电容	1
D9	二极管（插件）	1
Q1	NPN 插件三极管 S8050	1
X1	11.0592MHz 晶振	1
X2	32.768kHz 晶振	1
X3	12MHz 晶振	1
插座、插针、跳帽、开关、发光二极管等塑料件（8样）		
原理图文字符号	元器件名称	单个数量
J1，J2，J5，JP6，J8，HEADER2×2，VCC，GND	（40针）	2
Zigbee，LCD－1602	2.54mm 单排排母（40孔）	1
	短路块（跳线帽）2.54mm	3
P1	6 脚自锁开关	1
S1，S2，S3，S4，S5	4 脚按链开关	4
L5，L6，L7，L8，L9，L10，L11，L12	发光二极管 LED	8（黄4＋白4）
LED0	发光二极管 LED	1绿
LED1，LED2，LED3，LED4	发光二极管 LED	4红

续表

电阻（8样）		
原理图文字符号	元器件名称	单个数量
J10	9针排阻（5.1kΩ）	1
R3	电位器（10kΩ）	1
R1，R29，R30，R31	10kΩ插件电阻	1
R2	5.1kΩ插件电阻	1
R18	470Ω插件电阻	1
R20	100Ω插件电阻	1
R4，R5，R6，R7，R8，R9，R10，R11，R12，R13，R14，R15，R16，R17，R19，R32	1kΩ插件电阻	16
R21，R22，R23，R24，R25，R26，R27，R28	200Ω插件电阻	8
芯片及插座、LCD显示屏（8样）		
原理图文字符号	元器件名称	单个数量
DS18B20	DS18B20	1
	DS18B20底座（单排圆孔座）	1
DS1302_2	DS1302	1
	8PIC插座	1
	40PIC插座	1
STC12C5A32S2	STC单片机	1
L298N	L298N电机驱动	1
	杜邦线（母对母）	3

续表

其他（10样）		
原理图文字符号	元器件名称	单个数量
BATTERY	CR1220 3V 电池	1
	贴片 CR1220 纽扣电池座	1
DS1‐4	4 位共阴数码管（0.36 英寸）	1
BELL	5V 有源蜂鸣器	1
USB	PL2303USB 转 TTL 电源供电 & 程序烧写	1
电机		1
铜柱＋螺母		各 4
杜邦线	长	1
LCD＿1602	LCD＿1602 显示屏	1
7289BS	贴片芯片 ZLG7289BS	1

附表 3　　　　　　　　　　　　　　元 件 封 装 对 照 表

		原理图符号	数量	封装尺寸		引脚个数	丝印层框线尺寸	
				左右(mil)	上下(mil)		左右(mil)	上下(mil)
用 PCB 向导创建 PCB 元件规则封装	DIP（双列直插式封装）	STC12C5A32S2	1	600	100	40	默认	
		DS1302_2	1	300	100	8		
	SIP（单列直插式封装）	J5	1		100	3		
		LCD_1602	1		100	16		
		DS18B20	1		100	3		
	CON（单排排针）	J1，J2	2	100		20		
		J8	1	100		3		
		J10	1	100		9		
		MG1，MG2	2	100		2		
		GND	1	100		4		
		VCC	1	100		4		
	Resister（电阻）	R1，R29，R30，R31	4	400		2		
		R2	1	400		2		
		R3	1	100		3		
		R4，R5，R6，R7，R8，R9，R10，R11，R12	16	400		2		
		R13，R14，R15，R16，R17，R19，R32		400		2		
		R18	1	400		2		
		R20	1	400		2		
		R21，R22，R23，R24，R25，R26，R27，R28	8	400		2		
	SOP（贴片封装）	7289BS	1	440	50	28		
手工创建 PCB 元件不规则封装		BELL	1	316		2	$r=270$	
		C1，C2	2	150		2	$r=46$	92
		C3，C6，C7	3	150		2		
		C18，C19	2	150		2		
		L5，L6，L7，L8，L9，L10，L11，L12	13	100		2	$r=90$	
		LED0，LED1，LED2，LED3，LED4		100		2		

续表

	原理图符号	数量	封装尺寸		引脚个数	丝印层框线尺寸	
			左右(mil)	上下(mil)		左右(mil)	上下(mil)
手工创建PCB元件不规则封装	E1	1	100		2	$r=105$	
	HEADER2X2	1	100	100	4		
	JP6	1	100		2	200	100
	S1，S2，S3，S4，S5	5	280	170	4	242	258
	X1	1	200		2	$r=50$	100
	X2	1	同MG1MG2		2		
	X3	1	200		2	$r=50$	100
	BATTERY	1	参照本书第2章				
	USB	1					
	L298N	1					
	D1-9	1	100		2	180	120
	P1	1	80	160	6	280	320
	Q1	1	100		3	240	120

考 核 表 样 式

STC 单片机实验开发板考核表

班级：　　　　　　　姓名：　　　　　　　学号：

内　　容	备　　注
最小系统	
单片机 I/O 端口控制实验	
蜂鸣器驱动实验	
按键实验	
数码管显示实验	
液晶屏显示实验	
直流电机控制实验	
电子万年历显示实验	
温度显示实验	
多路温度无线检测实验	
波特率	
学生签名	
备注	

参 考 文 献

[1] 何立民. 单片机高级教程——应用与设计[M]. 2 版. 北京：北京航空航天大学出版社，2006.

[2] 张毅刚，彭喜元，彭宇. 单片机原理及应用[M]. 2 版. 北京：高等教育出版社，2010.

[3] 楼苗然，胡佳文，李光飞. 单片机实验与课程设计（Proteus 仿真版）[M]. 杭州：浙江大学出版社，2010.

[4] 曹文. 电子设计基础[M]. 北京：机械工业出版社，2011.

[5] 郎朗. 单片机原理与应用实验教程[M]. 合肥：合肥工业大学出版社，2013.

[6] 陈孟元. DSP 应用设计与实践开发—TMS320F28x 系列[M]. 北京：中国电力出版社，2016.

附图 单片机实验板各模块原理图（一）

附图 单片机实验板各模块原理图（二）